3 개념 다지기

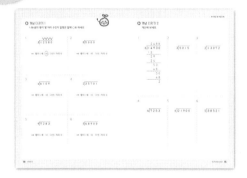

이런 순서로
공부해요!

익힌 개념을 친구의 것으로 만들기 위해서는
문제를 풀어봐야 해요.
문제로 개념을 꼼꼼히 다져 보세요.

6 서술형으로 확인

배운 개념을 서술형 문제로
확인해 보세요.

7 쉬어가기

배운 내용과 관련된 재미있는 이야기를
보면서 잠깐 쉬어가세요.

잠깐! 이 책을 보시는 어른들에게...

1. <초등수학 나눗셈 개념이 먼저다> 3권은 나눗셈에 대한 내용이지만, 교과서보다는 조금 더 심화된 내용을 다룹니다. 예를 들어, 교과서에서는 한 자리 수, 두 자리 수로 나누는 것까지 나오지만 이 책에서는 나눗셈을 계산하는 일반적인 원리와 함께 세 자리 수로 나누기를 알려줍니다.

　덧셈이나 뺄셈도 계산의 원리만 이해하면 큰 수의 계산을 할 수 있는 것처럼, 나눗셈도 계산의 원리를 알고 나면 자릿수에 상관없이 복잡한 수로도 나눌 수 있습니다. 뿐만 아니라 나눗셈식에 등장하는 세 수(나누어지는 수, 나누는 수, 몫)의 관계도 하나하나 자세히 설명합니다.

2. 나눗셈은 덧셈, 뺄셈, 곱셈과 마찬가지로 연산이기 때문에 정확하게 계산을 하는 것이 중요합니다. 그런데 나눗셈은 다른 연산과 달리 정의도 간단하지 않고, 문장으로 된 문제를 식으로 만드는 것도 쉽지 않습니다.

　덧셈, 곱셈은 순서를 바꿔서 계산해도 결과가 달라지지 않기 때문에, 문제에 나온 수를 눈치껏 더하거나 곱해서 답을 찾을 수도 있습니다. 그리고 초등과정에서는 작은 수에서 큰 수를 빼는 방법을 배우지 않기 때문에, 빼기 상황이라는 것만 눈치채면 큰 수에서 작은 수를 빼서 뺄셈 문제도 적당히 해결할 수 있습니다. 하지만 나눗셈은 (큰 수)÷(작은 수), (작은 수)÷(큰 수) 모두 다 가능하기 때문에, 나누기 상황임을 알아차렸어도 문제를 정확히 이해하지 않으면 바른 식을 세우기 힘듭니다. 그러면 아무리 계산을 잘해도 틀리게 되지요.

　<초등수학 나눗셈 개념이 먼저다> 3권은 무엇을 무엇으로 나누어야 하는지 그림을 통해 분명하게 짚어줍니다. 무작정 공식처럼 외우는 것이 아닌, 모든 나누기 상황에 폭넓게 이용할 수 있는 풀이법을 알려주어 실생활 문제도 시원하게 해결하도록 도와줍니다.

 # 약속해요

공부를 시작하기 전에
친구는 나랑 약속할 수 있나요?

1. 바르게 앉아서 공부합니다.

2. 꼼꼼히 읽고, 개념 설명은 소리 내어 읽습니다.

3. 바른 글씨로 또박또박 씁니다.

4. 책을 소중히 다룹니다.

약속했으면 아래에 서명을 하고, 지금부터 잘 따라오세요~

이름 : _____

차례

1 ~ **3** 은 1권, **4** ~ **6** 은 2권 내용입니다.

7 큰 수의 나눗셈

1. 왜 큰 수부터 나누어야 할까? 10

2. (큰 수) ÷ □ 12

3. (큰 수) ÷ □□ 18

4. (큰 수) ÷ □□□ 24

5. 큰 수로 나눈 몫 구하기 26

● 단원 마무리 32

● 서술형으로 확인 34

● 쉬어가기 35

8 나눗셈 사이의 관계

1. 같은 수의 ×, ÷ 38

2. 나누는 수가 커질 때 44

3. 전체가 커질 때 50

4. 몫이 커질 때, 몫이 작아질 때 56

5. 몫이 그대로일 때 62

6. 0이 많이 있는 나눗셈 68

● 단원 마무리 74

● 서술형으로 확인 76

● 쉬어가기 77

9

나눗셈의 응용

1. 나눗셈의 응용 (1) ································ 80

2. 나눗셈의 응용 (2) ································ 86

3. 나머지까지 나누기 ································ 92

4. (작은 수) ÷ (큰 수) ································ 98

5. 나눗셈의 활용 ································ 104

6. 빈칸이 있는 나눗셈과 곱셈 ································ 110

● 단원 마무리 ································ 116

● 서술형으로 확인 ································ 118

● 쉬어가기 ································ 119

정답 및 **해설** ································ 별책

7

큰 수의
나눗셈

$$4753932$$
$$+8502519$$
$$\overline{}$$

덧셈의 원리를
알고 있으면 수가
커져도 문제없어!

덧셈, 뺄셈, 곱셈을 계산할 때
계산의 원리만 알면 수가 커져도 문제가 없었지~

나눗셈도 마찬가지야!
나눗셈의 원리를 알면 엄청나게 큰 수를, 큰 수로
나누는 것도 할 수 있지.

자, 그럼 나눗셈을 계산할 때 반드시 지켜야 하는 규칙에는
어떤 것이 있는지부터 볼게!

1 왜 큰 수부터 나누어야 할까?

$32 \div 2 = 16$

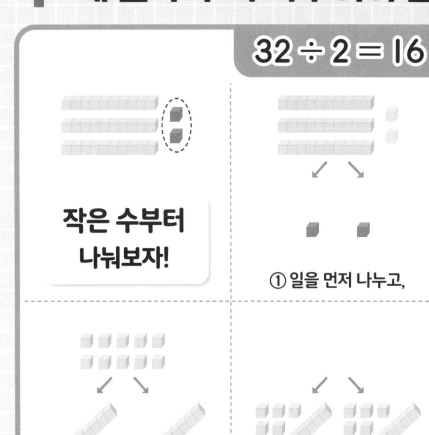

작은 수부터 나눠보자!

① 일을 먼저 나누고,

② 십을 나누고,

③ 남은 십을 쪼개서

④ 일을 다시 나누기!

작은 수부터 나누니까
큰 수를 나누고 남은 것을
또 나누어야 하네...

▶ **개념 익히기 1**

주어진 나눗셈을 할 때, 가장 먼저 나누어지는 수에 ○표 하세요.

1

$498 \div 4$ (400)   90   8

2

$857 \div 3$ 50   800   7

3

$694 \div 5$ 4   90   600

▶ 정답 및 해설 1쪽

$32 \div 2 = 16$

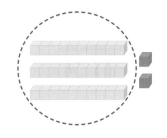

큰 수부터 나눠보자!

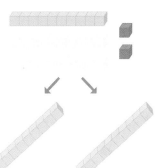

① 십을 먼저 나누고,

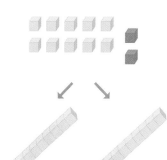

② 남은 십을 쪼개서

[결론]

나눗셈은
큰 수부터
나누어야
계산이 간단하다!

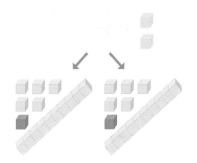

③ 일을 전부 나누기!

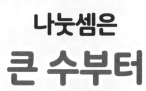

큰 수부터 나누니까
작은 조각은 한번에
나눌 수 있네~

▶ 개념 익히기 2

계산해 보세요.

1

```
    1 8 4
2 ) 3 6 8
    2
    ─────
    1 6
    1 6
    ─────
      8
      8
    ─────
      0
```

2

```
3 ) 6 5 7
```

3

```
4 ) 8 9 2
```

2 (큰 수) ÷ □

8903 ÷ 2

```
        4451
    2)8903
      8
       9
       8
       10
       10
          3
          2
          1
```

```
2)8903
```

**맨 앞 자리의
수부터**
차례로 나누기!

▶ 개념 익히기 1

빈칸에 알맞은 수를 쓰세요.

1

```
    ③
2)626
```

2

```
   □
4)561
```

3

```
   □
3)974
```

(큰 수) ÷

한 자리 수로 나눌 때는
나누어지는 수의 맨 앞의 수를 먼저 보기!

```
3) 1 0 9 2 1 5
```

맨 앞 자리의 수를
나눌 수 없으면,

**한 자리
늘려서
나누기**

```
      3 6 4 0 5
3) 1 0 9 2 1 5
   9
   1 9
   1 8
     1 2
     1 2
         1 5
         1 5
           0
```

▶ 개념 익히기 2

나눗셈을 할 때, 가장 먼저 나누어지는 부분에 ○표 하세요.

1
```
2) 1 4 0 8 9
```

2
```
5) 7 1 6 0
```

3
```
4) 3 9 5 2 0
```

▶ 개념 다지기 1

나눗셈의 몫이 몇 자리 수인지 알맞은 말에 ○표 하세요.

1
$$3\overline{)12580}$$

➡ 몫이 (세 , (네) , 다섯) 자리 수

2
$$8\overline{)5000}$$

➡ 몫이 (세 , 네 , 다섯) 자리 수

3
$$4\overline{)6109}$$

➡ 몫이 (세 , 네 , 다섯) 자리 수

4
$$2\overline{)35701}$$

➡ 몫이 (세 , 네 , 다섯) 자리 수

5
$$9\overline{)7283}$$

➡ 몫이 (세 , 네 , 다섯) 자리 수

6
$$5\overline{)48900}$$

➡ 몫이 (세 , 네 , 다섯) 자리 수

▶ 개념 다지기 2

계산해 보세요.

1

```
         2 4 8 8
   6 ) 1 4 9 3 0
       1 2
         2 9
         2 4
           5 3
           4 8
             5 0
             4 8
               2
```

2

```
   3 ) 5 0 1 5
```

3

```
   2 ) 1 3 0 7 2
```

4

```
   4 ) 7 2 5 3
```

5

```
   6 ) 2 1 9 0 0
```

6

```
   5 ) 3 8 5 2 1
```

▶ 개념 마무리 1
빈칸에 알맞은 수를 쓰세요.

1

```
        1 ③ 7 ⑥
   4 ) 5 5 ⓪ 7
       4
       1 ⑤
       1 2
         ③ 0
         2 8
           2 7
           2 4
             3
```

2

```
        1 4 □ 5
   6 ) 8 7 3 □
       6
       □ 7
       2 4
         3 □
         3 0
           □ 0
           3 0
             0
```

3

```
          2 3 □
   □ ) 2 0 8 1
       1 8
         2 □
         2 □
           1 1
             □
             2
```

4

```
        1 4 □ □
   5 ) □ 0 4 1
       5
       2 □
       2 0
         4 □
         4 0
           1
```

5

```
        4 7 □ 3
   2 ) □ □ 0 7
       8
       1 □
       1 4
         1 □
         1 0
           7
           □
           □
```

6

```
        7 □ 2
   □ ) 2 9 □ 8
       2 8
       1 2
       1 □
         □
         8
         □
```

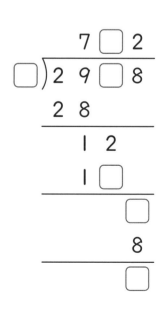

▶ 정답 및 해설 2~3쪽

● 개념 마무리 2

몫이 몇 자리 수인지 보고, 빈칸에 들어갈 수 있는 한 자리 수를 모두 쓰세요.

3603

1
몫이 네 자리 수

$$5\,)\overline{\square\,0\,2\,6}$$

5, 6, 7, 8, 9

2
몫이 세 자리 수

$$7\,)\overline{\square\,1\,4\,3}$$

_____

3
몫이 네 자리 수

$$4\,)\overline{\square\,3\,6\,8\,9}$$

_____

4
몫이 다섯 자리 수

$$6\,)\overline{\square\,7\,1\,0\,2}$$

_____

5
몫이 세 자리 수

$$\square\,)\overline{5\,4\,0\,2}$$

_____

6
몫이 다섯 자리 수

$$\square\,)\overline{4\,5\,4\,8\,0}$$

_____

3 (큰 수) ÷ □□

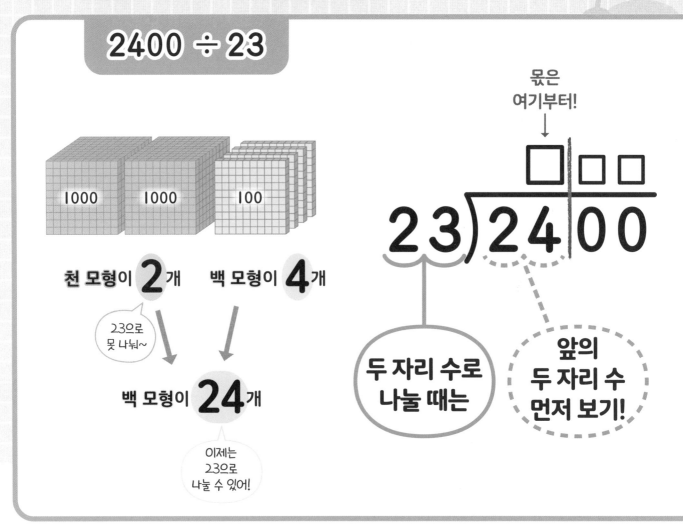

2400 ÷ 23

천 모형이 **2**개　백 모형이 **4**개

23으로 못 나눠~

백 모형이 **24**개

이제는 23으로 나눌 수 있어!

묶은 여기부터!

두 자리 수로 나눌 때는

앞의 두 자리 수 먼저 보기!

▶ **개념 익히기 1**

수 모형 2100을 15곳에 똑같이 나누려고 합니다. 알맞은 것을 골라 ○표 하세요.

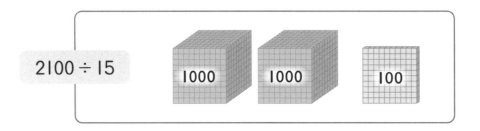

2100 ÷ 15

1　천 모형 **2**개를 쪼개지 않고 15곳에 나눌 수 (있습니다 ,⃝없습니다).

2　천 모형을 백 모형으로 쪼개면 백 모형은 모두 (20 , 21)개입니다.

3　몫을 구하면 (세 자리 수 , 네 자리 수)입니다.

3085 ÷ 42

몫은
여기부터!
↓

□ □

42) 3 0 8 5

여기 안에
나누는 수가
안 들어가면?

한 자리
늘려서
나누기!

➡

$$
\begin{array}{r}
73 \\
42{\overline{\smash{\big)}\,3085}} \\
\underline{294} \\
145 \\
\underline{126} \\
19
\end{array}
$$

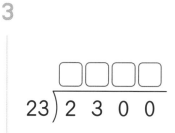
나누는 수가 커져도
나누는 방법은
똑같아~

▶ **개념 익히기 2**

몫을 쓰는 자리에 모두 V표 하세요.

1

□ Ⅴ Ⅴ Ⅴ Ⅴ

23) 2 3 0 0 0

2

□ □ □

23) 2 3 0

3

□ □ □ □

23) 2 3 0 0

▶ 개념 다지기 1

나누어지는 수에서 가장 먼저 나누어지는 부분에 ○표 하세요.

1

$59\overline{)4\;6\;1\;2\;5}$

2

$2\overline{)1\;3\;0\;7}$

3

$35\overline{)3\;8\;5\;9}$

4

$17\overline{)2\;0\;0\;4\;6}$

5

$42\overline{)3\;1\;9\;8\;0}$

6

$26\overline{)2\;5\;3\;7\;0\;0}$

▶ 정답 및 해설 4~5쪽

▶ 개념 다지기 2

몫의 자리 수를 보고, ☐ 안에 알맞은 수를 모두 찾아 ○표 하세요.

3605

1

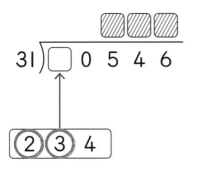

31) ☐ 0 5 4 6

② ③ 4

2

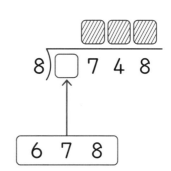

8) ☐ 7 4 8

6 7 8

3

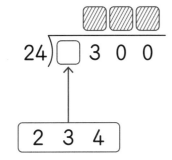

24) ☐ 3 0 0

2 3 4

4

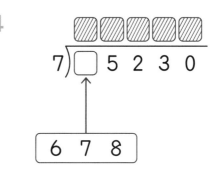

7) ☐ 5 2 3 0

6 7 8

5

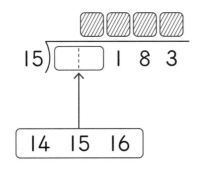

15) ☐ 1 8 3

14 15 16

6

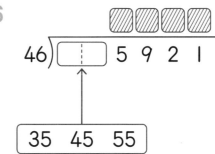

46) ☐ 5 9 2 1

35 45 55

몫의 크기를 비교하여 ◯ 안에 >, <를 쓰세요.

나눗셈 3

1

$$28790 \div 5 \quad \boxed{<} \quad 643468 \div 31$$

2

$$17936 \div 17 \quad \bigcirc \quad 35210 \div 40$$

3

$$160000 \div 8 \quad \bigcirc \quad 470000 \div 29$$

4

$$26150 \div 34 \quad \bigcirc \quad 40680 \div 39$$

5

$$714900 \div 50 \quad \bigcirc \quad 855320 \div 9$$

6

$$291570 \div 27 \quad \bigcirc \quad 386830 \div 42$$

▶ 개념 마무리 2

나눗셈의 몫이 큰 것부터 순서대로 글자를 찾아 쓰세요.

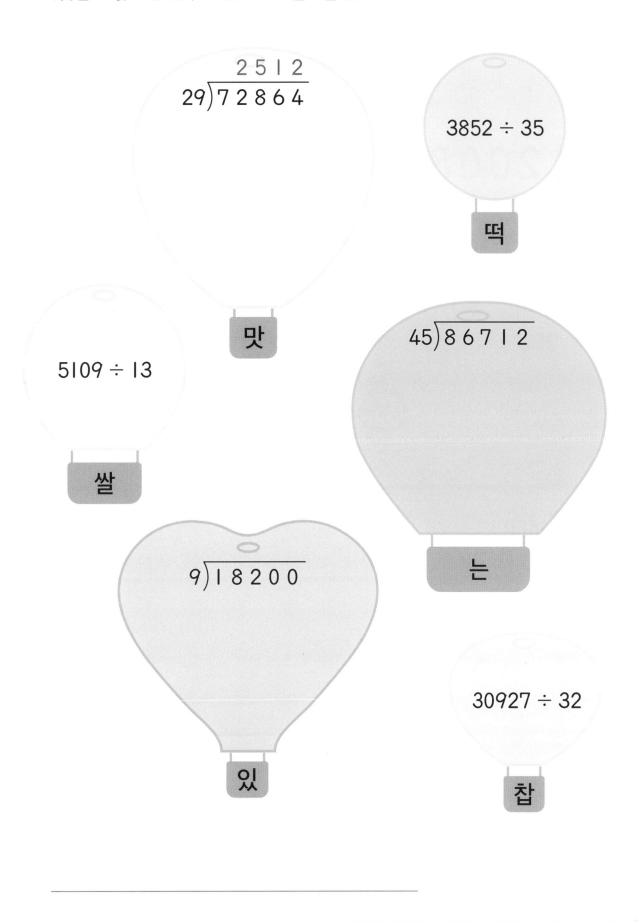

$$29\overline{)72864}$$ 몫: 2512

맛

3852 ÷ 35

떡

5109 ÷ 13

쌀

$$45\overline{)86712}$$

는

$$9\overline{)18200}$$

있

30927 ÷ 32

찹

_____

4 (큰 수) ÷ □□□

나눗셈은 큰 수부터 나누고,

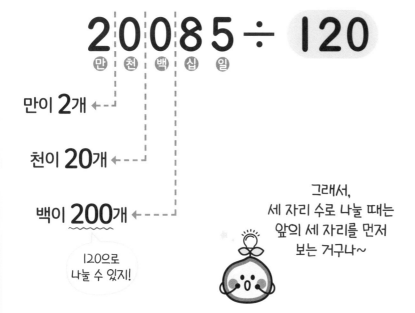

$20085 ÷ 120$

만 천 백 십 일

만이 **2**개 ◄----

천이 **20**개 ◄----

백이 **200**개 ◄----

120으로
나눌 수 있지!

그래서,
세 자리 수로 나눌 때는
앞의 세 자리를 먼저
보는 거구나~

```
           167
  120)20085
      120
       808
       720
       885
       840
        45
```

▶ **개념 익히기 1**

나눗셈을 할 때, 가장 먼저 나누어지는 부분을 설명한 것에 ○표 하세요.

1

$57041 ÷ 230$

만이
5개

천이
57개

⬭백이
570개⬭

십이
5704개

2

$16900 ÷ 357$

만이
1개

천이
16개

백이
169개

십이
1690개

3

$20486 ÷ 170$

만이
2개

천이
20개

백이
204개

십이
2048개

못 나누면 작게 쪼개서 나누기!

$$203\overline{)10097}$$

세 자리 수로
나누면?

```
          49
203)10097
     812
     1977
     1827
      150
```

앞의 세 자리 수를 보기

➡ 백이 **100**개

203으로
나눌 수 없음!

안 들어가면 한 자리를 늘려서 보기

➡ 십이 **1009**개

203으로
나눌 수 있음!

▶ **개념 익히기 2**

312로 나눌 때, 가장 먼저 나누어지는 부분을 찾아 ⌣표 하세요.

1

$$312\overline{)20000}$$

2

$$312\overline{)30500}$$

3

$$312\overline{)60190}$$

5 큰 수로 나눈 몫 구하기

큰 수로 나눌 때의 계산 방법

1 몇 자리 수로 나누는지 확인

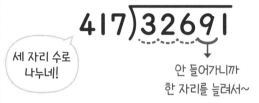

$$417\overline{)32691}$$

세 자리 수로
나누네!

안 들어가니까
한 자리를 늘려서~

2 몇 번 들어가는지 예상

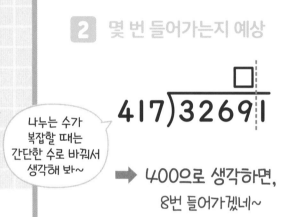

$$417\overline{)32691}^{\Box}$$

나누는 수가
복잡할 때는
간단한 수로 바꿔서
생각해 봐~

➡ 400으로 생각하면,
8번 들어가겠네~

3 몫이 맞는지 확인하고!

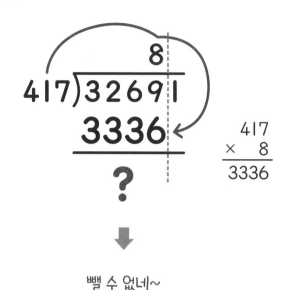

$$417\overline{)32691}^{\quad 8}$$
$$3336$$

$$\begin{array}{r} 417 \\ \times \quad 8 \\ \hline 3336 \end{array}$$

?

⬇

뺄 수 없네~

그러면, 몫을 하나 줄여 봐~

▶ 개념 익히기 1

몫을 예상하여 빈칸을 알맞게 채우세요.

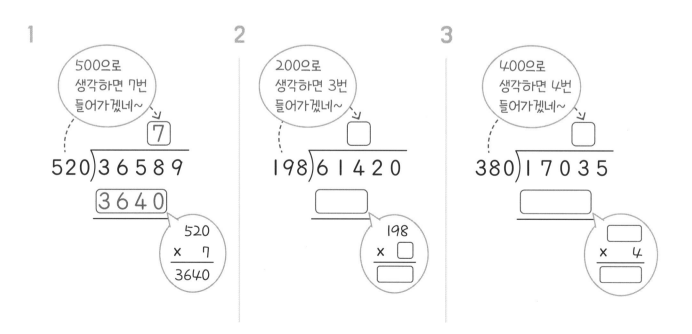

1

500으로
생각하면 7번
들어가겠네~

$$520\overline{)36589}^{\boxed{7}}$$
$$\boxed{3640}$$

$$\begin{array}{r} 520 \\ \times \quad 7 \\ \hline 3640 \end{array}$$

2

200으로
생각하면 3번
들어가겠네~

$$198\overline{)61420}^{\Box}$$
$$\boxed{}$$

$$\begin{array}{r} 198 \\ \times \quad \Box \\ \hline \end{array}$$

3

400으로
생각하면 4번
들어가겠네~

$$380\overline{)17035}^{\Box}$$
$$\boxed{}$$

$$\begin{array}{r} \Box \\ \times \quad 4 \\ \hline \end{array}$$

▶ 정답 및 해설 8쪽

4 몫 고치기

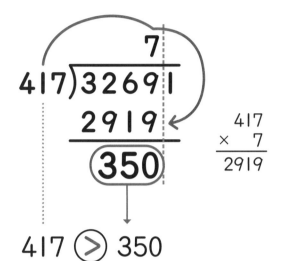

$$\begin{array}{r} 417 \\ \times \quad 7 \\ \hline 2919 \end{array}$$

 417 ⊃ 350

빼서 나온 값이
나누는 수보다 작으니까
바르게 계산된 것!

만약 < 이렇게 나오면?
한 번 더 묶을 수 있으니까
몫을 하나 크게 수정!

5 다음 수를 내려서 또 나누기

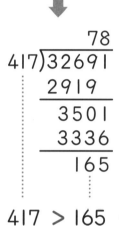

78
417)32691
　　2919
　　3501
　　3336
　　　165

417 > 165

바르게
계산되었군!

▶ 개념 익히기 2

몫을 알맞게 고치세요.

1

$$\begin{array}{r} 1\!\!\!\diagup\; 2 \\ 325)\overline{62742} \\ 650 \\ \hline ? \end{array}$$

2

$$\begin{array}{r} \square\; 2 \\ 173)\overline{52400} \\ 346 \\ \hline 178 \end{array}$$

3

$$\begin{array}{r} \square\; 5 \\ 431)\overline{20890} \\ 2155 \\ \hline ? \end{array}$$

나눗셈의 몫이 몇 자리 수인지 알맞게 선을 그으세요.

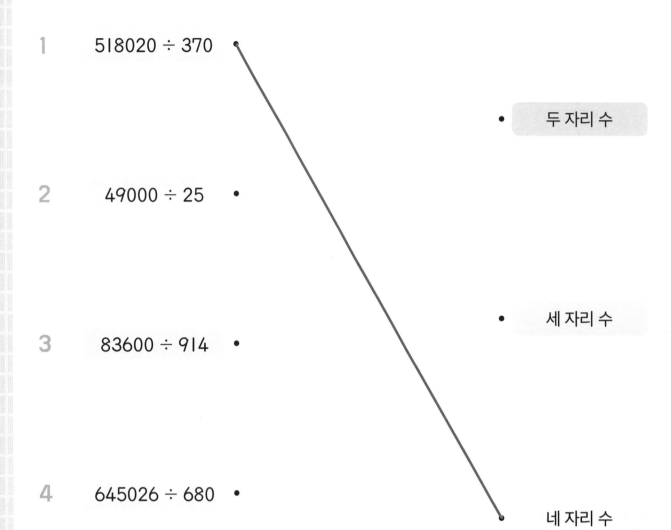

1   518020 ÷ 370

2   49000 ÷ 25

3   83600 ÷ 914

4   645026 ÷ 680

5   721000 ÷ 53

6   309465 ÷ 482

두 자리 수

세 자리 수

네 자리 수

다섯 자리 수

◉ 개념 다지기 2

예상한 몫이 맞는지 확인하여 알맞은 것에 ○표 하고, 빈칸에 몫을 쓰세요.

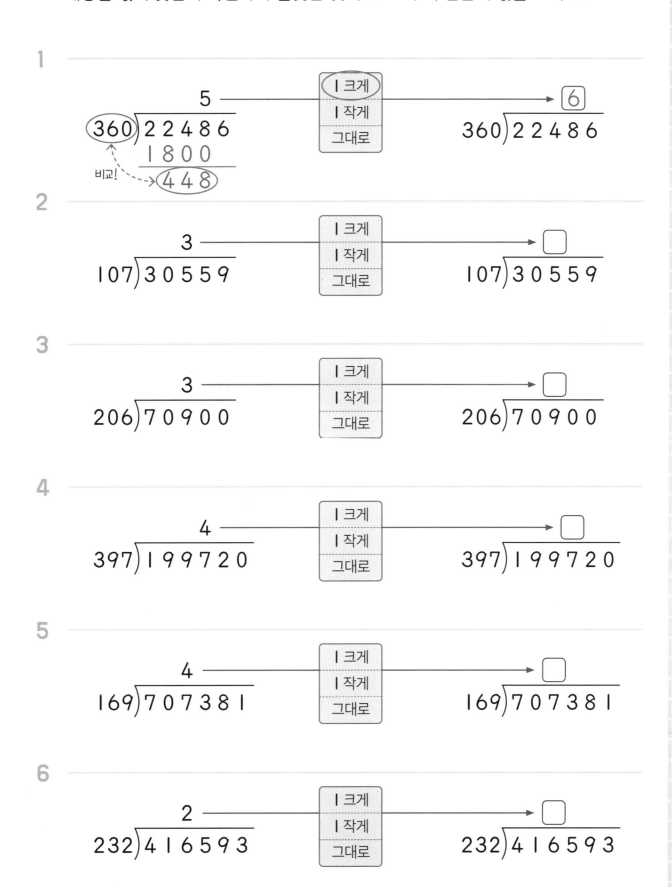

1

$$\begin{array}{r} 5 \\ 360 \overline{)22486} \\ 1800 \\ \hline 448 \end{array}$$

비교!

| 1 크게 | 1 작게 | 그대로 |

$$360 \overline{)22486} \quad 6$$

2

$$107 \overline{)30559} \quad 3$$

| 1 크게 | 1 작게 | 그대로 |

$$107 \overline{)30559} \quad \square$$

3

$$206 \overline{)70900} \quad 3$$

| 1 크게 | 1 작게 | 그대로 |

$$206 \overline{)70900} \quad \square$$

4

$$397 \overline{)199720} \quad 4$$

| 1 크게 | 1 작게 | 그대로 |

$$397 \overline{)199720} \quad \square$$

5

$$169 \overline{)707381} \quad 4$$

| 1 크게 | 1 작게 | 그대로 |

$$169 \overline{)707381} \quad \square$$

6

$$232 \overline{)416593} \quad 2$$

| 1 크게 | 1 작게 | 그대로 |

$$232 \overline{)416593} \quad \square$$

▶ 개념 마무리 1

나누는 수를 가까운 몇백으로 생각하여 나눗셈을 할 때,
빈칸을 알맞게 채우세요.

1

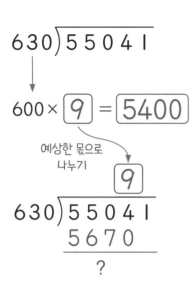

$630\overline{)55041}$

↓

$600 \times \boxed{9} = \boxed{5400}$

예상한 몫으로
나누기

$\boxed{9}$
$630\overline{)55041}$
$\quad\ \ 5670$
$\qquad\ \ ?$

➡ $\boxed{9}$ 를 __8__ 로 수정

2

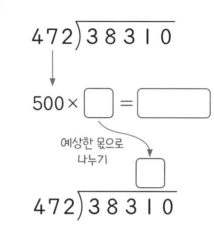

$472\overline{)38310}$

↓

$500 \times \boxed{\ } = \boxed{\qquad}$

예상한 몫으로
나누기

$\boxed{\ }$
$472\overline{)38310}$

➡ $\boxed{\ }$ 을 ____ 로 수정

3

$232\overline{)147500}$

↓

$200 \times \boxed{\ } = \boxed{\qquad}$

예상한 몫으로
나누기

$\boxed{\ }$
$232\overline{)147500}$

➡ $\boxed{\ }$ 을 ____ 으로 수정

4

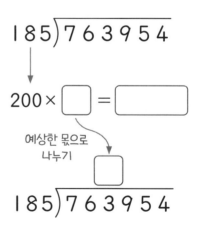

$185\overline{)763954}$

↓

$200 \times \boxed{\ } = \boxed{\qquad}$

예상한 몫으로
나누기

$\boxed{\ }$
$185\overline{)763954}$

➡ $\boxed{\ }$ 을 ____ 로 수정

▶ 개념 마무리 2

계산해 보세요.

1
```
              1561
    265)413870
        265
        1488
        1325
          1637
          1590
            470
            265
            205
```

2
```
    93)22730
```

3
```
    170)50689
```

4
```
    48)362019
```

5
```
    235)169400
```

6
```
    590)452071
```

지금까지 큰 수의 나눗셈에 대해 살펴보았습니다.
얼마나 제대로 이해했는지 확인해 봅시다.

1

나눗셈의 몫을 구하시오.

$$450000 \div 9$$

2

몫의 자릿수가 다른 하나를 찾아 ○표 하시오.

$25300 \div 7$	$14905 \div 8$
$60481 \div 3$	$82940 \div 40$

3

$57120 \div 23$에 대한 설명으로 틀린 것의 기호를 쓰시오.

> ㉠ 몫이 네 자리 수입니다.
> ㉡ 몫의 맨 앞 자리의 수는 3입니다.
> ㉢ 나머지가 있습니다.

4

나눗셈의 몫이 큰 것부터 순서대로 1, 2, 3을 쓰시오.

$4851 \div 16$	$6307 \div 24$	$12900 \div 43$
(　　　)	(　　　)	(　　　)

▶ 정답 및 해설 10쪽

5

몫이 네 자리 수일 때, 빈칸에 들어갈 수 없는 수 카드를 모두 찾아 ✕표 하시오.

$$\boxed{}\,)\,\overline{50168}$$

| 7 | 3 | 5 | 9 |

[6~8] 나눗셈을 하려고 합니다. 물음에 답하시오.

$$63807 \div 215$$

6

나누는 수를 200으로 생각할 때, 638에 몇 번 들어가는지 쓰시오.

7

6에서 예상한 값이 맞는지 확인하고, 알맞은 설명에 ○표 하시오.

$$215\,)\,\overline{63807}$$

예상한 값을 $\left(\begin{array}{c}\text{그대로}\\ \text{1만큼 줄여서}\\ \text{1만큼 늘려서}\end{array}\right)$ 계산합니다.

8

몫과 나머지를 구하시오.

$$215\,)\,\overline{63807}$$

몫 _____

나머지 _____

1 몫이 1000보다 작은 (네 자리 수)÷(한 자리 수)의 식을 만들고 계산해 보세요. (힌트: 12~13쪽)

나눗셈식:

몫:　　　　　　　나머지:

2 (내가 태어난 년도)÷(나이)를 계산해 보세요. (힌트: 18~19쪽)

나눗셈식:

몫:

나머지:

3 몫을 구하는 과정에서 틀린 부분을 찾아 이유를 쓰세요. (힌트: 26~27쪽)

$$3617{\overline{\smash{\big)}\,254830}} \quad \begin{array}{r} 6 \\ \hline 21702 \end{array}$$

이유:

잠깐! 서술형으로 쓰기 어려워? 그럼 앞에서 배운 걸 떠올려 봐. 앞에서 찾아보고 적어도 좋아!

큰 덩이부터 나누기

동화 마을에 살고 있는 아기돼지 삼 형제에게 콩 네 자루를 나누어 주려고 해요.

그런데 자루를 전부 풀어 버리는 바람에 콩이 모두 쏟아졌네요~

이렇게 많은 콩을 한 알씩 나누려면 시간이 아주 많이 걸릴 거예요. 그래서 나누기를 할 때는 큰 묶음부터 나누고,

더 이상 나눌 수 없을 때 낱개로 풀어서 나누어야 해요.

아기돼지 삼 형제에게도 콩 자루를 우선 한 자루씩 나누어 주었다면 훨씬 편했을 거예요.

아래 두 그림을 비교해서 틀린 곳 5군데를 찾아 보세요.

<정답>

①지붕 없음 ②콩가루 지우개

③나무 ④돼지 중 ⑤곰돌이 앞치마

8

나눗셈
사이의 관계

$2 \times 1 = 2$

2씩
커짐

$2 \times 2 = 4$

$2 \times 3 = 6$

$2 \times 4 = 8$

$2 \times 5 = 10$

$2 \times 6 = 12$

$2 \times 7 = 14$

$2 \times 8 = 16$

$2 \times 9 = 18$

곱셈식 사이에는
이런 관계가
있었지~

나눗셈식 사이에도
곱셈식처럼 관계가 있는데,
그게 바로 이번 단원에서
살펴볼 내용이야!

☑ 나누어지는 수가 커지면
   어떻게 될까?

☑ 나누는 수가 커지면
   어떻게 될까?

자~ 그럼,
나눗셈식 사이의 관계에 대해
지금부터 시작~!

1 같은 수의 ×, ÷

어떤 수에 같은 수를

× 곱하고, **÷** 나누면

또는

÷ 나누고, **×** 곱하면

처음 수 와 같아!

▶ **개념 익히기 1**

그림을 보고 빈칸을 알맞게 채우세요.

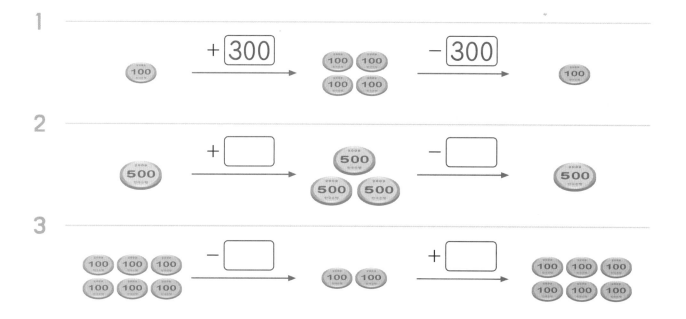

▶ 정답 및 해설 11쪽

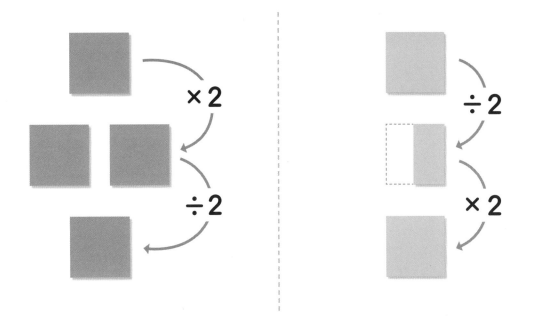

×♡ ÷♡ 또는 ÷♡ ×♡ 는

아무것도 안 한 것!

▶ 개념 익히기 2

그림을 보고 알맞은 계산에 ○표 하세요.

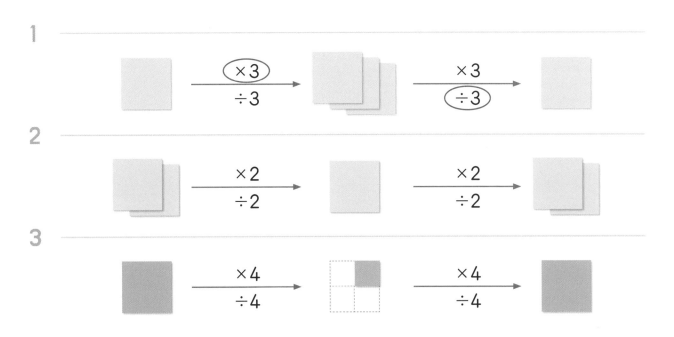

▶ 개념 다지기 1

빈칸을 알맞게 채우세요.

1

$6 \xrightarrow{\times 3} \boxed{18} \xrightarrow{\div 3} \boxed{6}$

2

$32 \xrightarrow{\div 4} \boxed{} \xrightarrow{\times 4} \boxed{}$

3

$50 \xrightarrow{\times \boxed{}} 500 \xrightarrow{\div \boxed{}} 50$

4

$12 \xrightarrow{\times \boxed{}} 1200 \xrightarrow{\div \boxed{}} 12$

5

$400 \xrightarrow{\div 5} \boxed{} \xrightarrow{\times \boxed{}} 400$

6

$70 \xrightarrow{\times 6} \boxed{} \xrightarrow{\div \boxed{}} 70$

▶ 개념 다지기 2

☐ 안에는 수를, ○ 안에는 기호를 알맞게 쓰세요.

1

$$♥ + 103 \bigcirc \boxed{103} = ♥$$

2

$$★ \times 281 \div \boxed{} = ★$$

3

$$736 \div \boxed{} \times 4 = 736$$

4

$$108 \times \boxed{} \div 3 = 108$$

5

$$274 - 39 \bigcirc \boxed{} = 274$$

6

$$483 \times 54 \bigcirc \boxed{} = 483$$

식에서 계산하지 않아도 되는 부분을 찾아 /표 하세요.

1

$172805 + \cancel{180933 - 180933}$

2

$320874 \div 56792 \times 56792$

3

$17 + 207 \div 3 \times 3$

4

$5004 - 638 \times 5 \div 5 - 5$

5

$819 \div 7 \times 7 - 119 + 4200 \div 4$

6

$25 \times 4 + 6120 \div 30 \times 30 - 30$

▶ 개념 마무리 2

출발할 때의 수가 도착했을 때의 수와 같아지도록 길을 찾아 선으로 나타내세요.

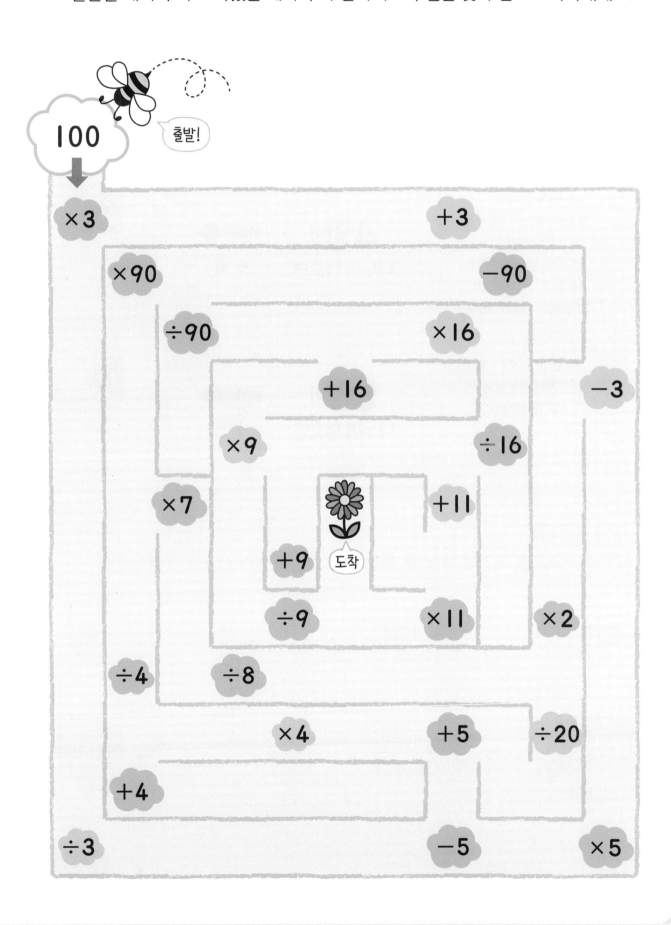

2 나누는 수가 커질 때

3명이
나누어 먹으면
$\div 3$

피자 한 판을
똑같이 나누어 먹을 때,

세 명이 나누어 먹기!
네 명이 나누어 먹기!
다섯 명이 나누어 먹기!
⋮

사람이 많아질수록
한 명이 먹는 양은
줄어들겠지~

4명이
나누어 먹으면
$\div 4$

5명이
나누어 먹으면
$\div 5$

▶ 개념 익히기 1

보기 의 케이크를 똑같이 나눌 때, 몫이 되는 그림을 찾아 선으로 연결하세요.

보기

1   2조각으로
나누기

2   20조각으로
나누기

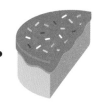

3   8조각으로
나누기

▶ 정답 및 해설 12쪽

$$\text{콩 } 3000\text{개} \div 10 = 300$$

$$\div 100 = 30$$

$$\div 1000 = 3$$

 콩을 많이씩 나누면
묶음 수는 줄어들지!

나누는 수가 **커질수록** 묶은 **작아진다**

▶ 개념 익히기 2

구슬 30개를 똑같이 나누어 묶을 때, 빈칸을 알맞게 채우세요.

1

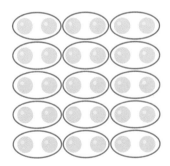

➡ 2개씩 묶으면

15 묶음

2

➡ 5개씩 묶으면

 묶음

3

➡ 10개씩 묶으면

 묶음

빈칸에 알맞은 수를 찾아 쓰세요.

1

$1000 \div \boxed{5} = 200$

$1000 \div \boxed{50} = 20$

$1000 \div \boxed{500} = 2$

| 50 | 5 | 500 |

2

$2400 \div \boxed{} = 120$

$2400 \div \boxed{} = 60$

$2400 \div \boxed{} = 30$

| 80 | 40 | 20 |

3

$1800 \div 20 = \boxed{}$

$1800 \div 60 = \boxed{}$

$1800 \div 100 = \boxed{}$

| 18 | 30 | 90 |

4

$3600 \div \boxed{} = 120$

$3600 \div \boxed{} = 60$

$3600 \div \boxed{} = 40$

| 60 | 90 | 30 |

5

$4500 \div \boxed{} = 300$

$4500 \div \boxed{} = 90$

$4500 \div \boxed{} = 30$

| 50 | 15 | 150 |

6

$6000 \div 20 = \boxed{}$

$6000 \div 50 = \boxed{}$

$6000 \div 100 = \boxed{}$

| 60 | 300 | 120 |

▶ 개념 다지기 2

몫의 크기를 비교하여 ○ 안에 >, =, <를 쓰세요.

1

$$\heartsuit \div 5 \; \boxed{>} \; \heartsuit \div 100$$

2

$$\star \div 20 \; \bigcirc \; \star \div 60$$

3

$$\clubsuit \div 150 \; \bigcirc \; \clubsuit \div 80$$

4

$$\blacklozenge \div 40 \; \bigcirc \; \blacklozenge \div 36$$

5

$$\blacktriangle \div 90 \; \bigcirc \; \blacktriangle \div 90$$

6

$$\blacksquare \div 210 \; \bigcirc \; \blacksquare \div 70$$

▶ 개념 마무리 1

나눗셈식 중에 몫이 **가장 작은 것**을 찾아 ○표 하세요.

1

$$2 \div 5 \qquad 2 \div 3 \qquad \boxed{2 \div 9}$$

2

$$1 \div 20 \qquad 1 \div 8 \qquad 1 \div 11$$

3

$$4 \div 9 \qquad 4 \div 20 \qquad 4 \div 16$$

4

$$30 \div 30 \qquad 30 \div 3 \qquad 30 \div 10$$

5

$$25 \div 100 \qquad 25 \div 1000 \qquad 25 \div 10000$$

6

$$700 \div 70 \qquad 700 \div 35 \qquad 700 \div 20$$

▶ 개념 마무리 2

알밤 4000개를 똑같이 나누어 담으려고 합니다. ☐ 안에 들어갈 수가 **큰 것부터** 기호를 순서대로 쓰세요.

알밤 4000개

ⓐ 상자에 **400**개씩 담을 때, 필요한 상자는 ☐ 개입니다.

ⓑ 쟁반에 **20**개씩 담을 때, 필요한 쟁반은 ☐ 개입니다.

ⓒ 바구니에 **100**개씩 담을 때, 필요한 바구니는 ☐ 개입니다.

ⓓ 자루에 **1000**개씩 담을 때, 필요한 자루는 ☐ 개입니다.

ⓔ 접시에 **10**개씩 담을 때, 필요한 접시는 ☐ 개입니다.

➡ _____

3 전체가 커질 때

$$6 \div 2 = 3$$

전체가 10배이면,   몫도 10배!

$$60 \div 2 = 30$$

전체가 10배이면,   몫도 10배!

$$600 \div 2 = 300$$

전체가 10배 커지면
몫도 10배 커져요!

▶ **개념 익히기 1**

빈칸을 알맞게 채우세요.

1

$$86 \div 2 = \boxed{43}$$

전체가 10배

$$860 \div 2 = \boxed{430}$$

2

$$95 \div 5 = \boxed{}$$

전체가 10배

$$950 \div 5 = \boxed{}$$

3

$$324 \div 6 = \boxed{}$$

전체가 10배

$$3240 \div 6 = \boxed{}$$

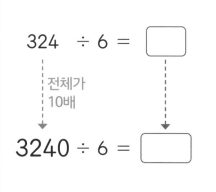

▶ 정답 및 해설 14쪽

$$8 \div 4 = 2$$

$$60 \div 4 = 15$$

$$436 \div 4 = 109$$

나누는 수가
같을 때,

**전체가
커지면**

**몫도
커져요!**

▶ 개념 익히기 2

나눗셈식을 보고 몫이 더 큰 것에 V표 하세요.

1

$72 \div 3$ ☐

$124 \div 3$ ☑

2

$96 \div 6$ ☐

$288 \div 6$ ☐

3

$294 \div 7$ ☐

$238 \div 7$ ☐

▶ 개념 다지기 1

도형 안에 공통으로 들어가는 수를 찾아 ○표 하세요.

1 $57 ÷ 3 = 19$

전체가   몫도

◇배   ◇배

$570 ÷ 3 = 190$

(10)   100   1000

2 $42 ÷ 7 = 6$

전체가   몫도

♡배   ♡배

$4200 ÷ 7 = 600$

10   100   1000

3 $90 ÷ 6 = 15$

전체가   몫도

☆배   ☆배

$270 ÷ 6 = 45$

2   3   5

4 $140 ÷ 7 = 20$

전체가   몫도

△배   △배

$280 ÷ 7 = 40$

2   10   20

5 $231 ÷ 11 = 21$

전체가   몫도

□배   □배

$231000 ÷ 11 = 21000$

10   100   1000

6 $600 ÷ 50 = 12$

전체가   몫도

⬠배   ⬠배

$3000 ÷ 50 = 60$

2   5   30

◉ 개념 다지기 2

빈칸을 알맞게 채우세요.

1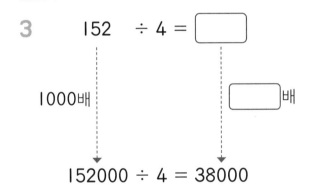

$$568 \div 8 = 71$$

100배 · · · □배

$$56800 \div 8 = \boxed{7100}$$

2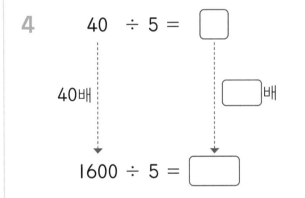

$$318 \div 3 = 106$$

10배 · · · □배

$$3180 \div 3 = \boxed{}$$

3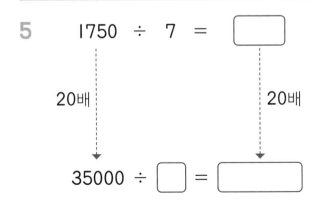

$$152 \div 4 = \boxed{}$$

1000배 · · · □배

$$152000 \div 4 = 38000$$

4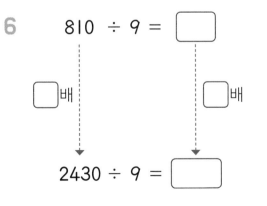

$$40 \div 5 = \boxed{}$$

40배 · · · □배

$$1600 \div 5 = \boxed{}$$

5

$$1750 \div 7 = \boxed{}$$

20배 · · · 20배

$$35000 \div \boxed{} = \boxed{}$$

6

$$810 \div 9 = \boxed{}$$

□배 · · · □배

$$2430 \div 9 = \boxed{}$$

주어진 나눗셈식을 보고, 빈칸을 알맞게 채우세요.

1

$81 \div \bigstar = 6$

3배

$243 \div \bigstar = \boxed{18}$

5배

$405 \div \bigstar = \boxed{30}$

2

$40 \div \blacksquare = 8$

$80 \div \blacksquare = \boxed{}$

$280 \div \blacksquare = \boxed{}$

3

$24 \div \heartsuit = 5$

$48 \div \heartsuit = \boxed{}$

$120 \div \heartsuit = \boxed{}$

4

$90 \div \blacklozenge = 15$

$270 \div \blacklozenge = \boxed{}$

$540 \div \blacklozenge = \boxed{}$

5

$63 \div \blacktriangle = 6$

$126 \div \blacktriangle = \boxed{}$

$189 \div \blacktriangle = \boxed{}$

6

$72 \div \clubsuit = 12$

$216 \div \clubsuit = \boxed{}$

$360 \div \clubsuit = \boxed{}$

▶ 정답 및 해설 15쪽

▶ 개념 마무리 2

몫이 가장 큰 식에 ○표 하세요.

1
$200 \div 5$ $850 \div 5$ $\boxed{1000 \div 5}$

2
$3428 \div 4$ $444 \div 4$ $1004 \div 4$

3
$910 \div 13$ $910 \div 7$ $910 \div 10$

4
$1032 \div 12$ $420 \div 12$ $6000 \div 12$ $840 \div 12$

5
$3000 \div 50$ $3000 \div 15$ $3000 \div 60$ $3000 \div 20$

6
$1950 \div 39$ $2145 \div 39$ $3900 \div 39$ $4095 \div 39$

4 묶음이 커질 때, 묶음이 작아질 때

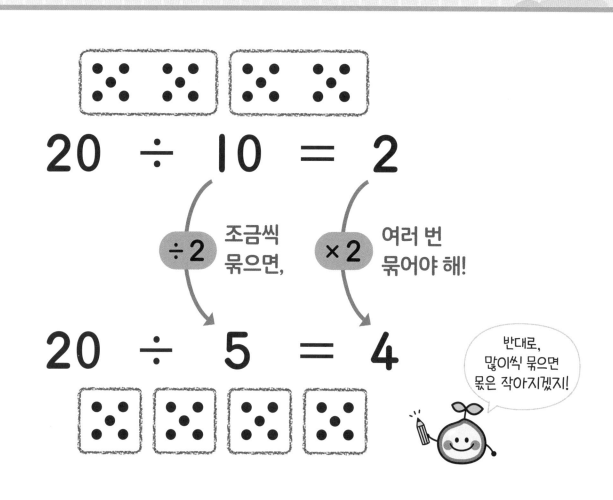

▶ 개념 익히기 1

그림을 똑같이 나누어 묶을 때, 빈칸을 알맞게 채우세요.

1   2   3

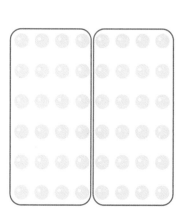   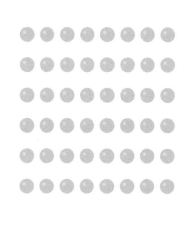   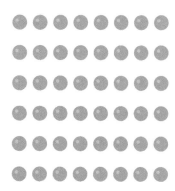

$48 \div 24 = \boxed{2}$ $48 \div 12 = \boxed{}$ $48 \div 6 = \boxed{}$

▶ 정답 및 해설 15쪽

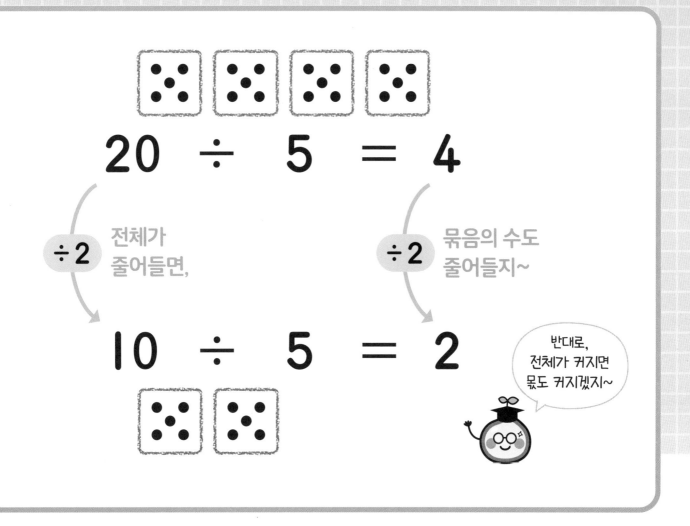

▶ 개념 익히기 2

100원짜리 동전을 600원씩 묶고, 빈칸을 알맞게 채우세요.

1

2

3

3000 원을
600원씩 묶으면
5 묶음

___ 원을
600원씩 묶으면
___묶음

___ 원을
600원씩 묶으면
___묶음

○ 안에는 × 또는 ÷를, ☐ 안에는 수를 알맞게 쓰세요.

1

$$75 \div 5 = 15$$

$\times 5$ ⋮ $\div 5$

$$75 \div 25 = \boxed{3}$$

2

$$60 \div 3 = 20$$

$\bigcirc 10$ ⋮ $\bigcirc 10$

$$60 \div 30 = \boxed{}$$

3

$$450 \div 90 = \boxed{}$$

$\bigcirc 3$ ⋮ $\bigcirc 3$

$$450 \div 30 = \boxed{}$$

4

$$900 \div 6 = \boxed{}$$

$\bigcirc 2$ ⋮ $\bigcirc 2$

$$900 \div 12 = \boxed{}$$

5

$$1200 \div 40 = \boxed{}$$

$\bigcirc 4$ ⋮ $\bigcirc 4$

$$1200 \div 10 = \boxed{}$$

6

$$7200 \div 8 = \boxed{}$$

$\bigcirc 6$ ⋮ $\bigcirc 6$

$$7200 \div 48 = \boxed{}$$

▶ 정답 및 해설 16쪽

▶ 개념 다지기 2

나눗셈식에 대한 설명으로 옳은 것에 ○표 하고, 화살표를 알맞게 나타내세요.

1 전체는 그대로이면서
나누는 수가 커지면
몫은 ((작아진다) , 커진다).

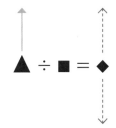

2 나누는 수는 그대로이면서
전체가 작아지면
몫은 (작아진다 , 커진다).

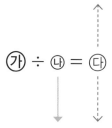

3 나누는 수는 그대로이면서
전체가 커지면
몫은 (작아진다 , 커진다).

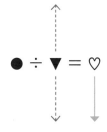

4 전체는 그대로이면서
나누는 수가 작아지면
몫은 (작아진다 , 커진다).

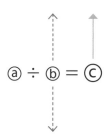

5 전체는 그대로이면서
나누는 수가 (커지면 , 작아지면)
몫은 작아진다.

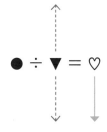

6 전체는 그대로이면서
나누는 수가 (작아지면 , 커지면)
몫은 커진다.

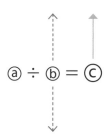

▶ 개념 마무리 1

주어진 조건에 알맞게 3개의 식을 →로 연결하세요.

1

몫이 점점
커지도록

$600 \div 20$ → $600 \div 10$ $\qquad$ $600 \div 30$

$300 \div 20$ → $800 \div 10$

2

몫이 점점
커지도록

$800 \div 40$

$800 \div 80$ $\qquad$ $1600 \div 20$

$800 \div 20$ $\qquad$ $200 \div 20$

3

몫이 점점
작아지도록

$500 \div 25$

$600 \div 25$ $\qquad$ $500 \div 20$

$500 \div 50$ $\qquad$ $400 \div 50$

4

몫이 점점
작아지도록

$420 \div 60$

$420 \div 70$ $\qquad$ $210 \div 70$

$420 \div 30$ $\qquad$ $700 \div 70$

5

몫이 점점
커지도록

$770 \div 35$

$840 \div 35$ $\qquad$ $700 \div 35$

$770 \div 70$ $\qquad$ $840 \div 20$

▶ 개념 마무리 2

나눗셈에 대한 설명으로 옳은 것에 ○표, 틀린 것에 ✕표 하세요.

1

나누는 수가 같다면 작은 수를 나눌 때보다 큰 수를 나눌 때의 몫이 더 크다. (○)

2

●÷▲＝■에서 ●가 일정할 때, ▲가 커질수록 ■는 작아진다. (   )

3

나누는 수가 같은 나눗셈식끼리는 항상 몫이 같다. (   )

4

어떤 수에 2를 곱한 뒤, 2로 나누면 처음 수와 같아진다. (   )

5

몫을 크게 하려면 나누는 수를 크게 하거나 전체를 작게 하면 된다. (   )

6

나눗셈식에서 전체가 일정할 때, 나누는 수가 3배로 커지면 몫도 3배로 커진다.
(   )

5 몫이 그대로일 때

몫이 변할 때

$$□ ÷ ♡ = ☆$$

커지면? 몫도 커지지!

$$□ ÷ ♡ = ☆$$

커지면? 몫은 작아져!

□ ÷ ♡ = ☆
커지고, 똑같이 커지면? 몫은 그대로!

$$□ ÷ ♡ = ☆$$

$$10 ÷ 2 = ⑤$$

×4   ×4

$$40 ÷ 2 = 20$$ 그대로!

×4   ÷4

$$40 ÷ 8 = ⑤$$

▶ 개념 익히기 1

빈칸을 알맞게 채우세요.

1

$$100 ÷ 5 = \boxed{20}$$

×4   ×4

$$400 ÷ 20 = \boxed{20}$$

2

$$2400 ÷ 4 = \boxed{}$$

×2   ×2

$$4800 ÷ 8 = \boxed{}$$

3

$$3000 ÷ 6 = \boxed{}$$

×3   ×3

$$1000 ÷ 2 = \boxed{}$$

▶ 정답 및 해설 18쪽

3615

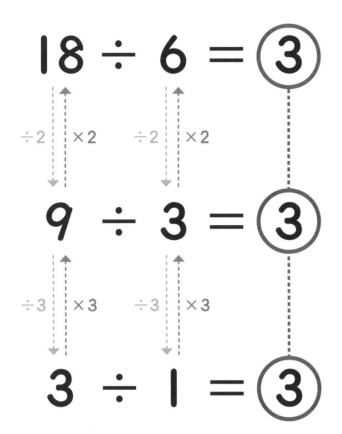

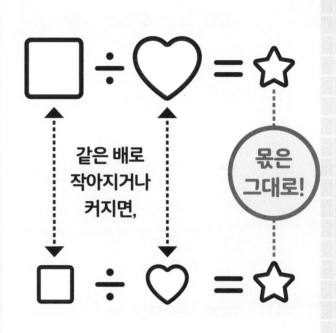

같은 배로
작아지거나
커지면,

몫은
그대로!

▶ 개념 익히기 2

두 나눗셈식의 관계로 알맞은 것에 ○표 하세요.

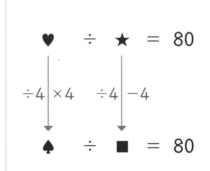

1

$$\bigcirc \div \bigcirc = 40$$

$\boxed{\times 2}$ $÷3$ $\boxed{\times 2}$ $÷30$

$$\bigcirc \div \textcircled{a} = 40$$

2

$$\heartsuit \div \bigstar = 80$$

$÷4$ $\times 4$ $÷4$ -4

$$\spadesuit \div \blacksquare = 80$$

3

$$A \div B = 70$$

$\times 5$ $÷6$ $÷5$ $÷6$

$$C \div D = 70$$

빈칸을 알맞게 채우세요.

1

$$320 \div 4 = 80$$

×2   ×2

$$640 \div 8 = \boxed{80}$$

2

$$16 \div 8 = 2$$

×8   ⬭

$$128 \div 64 = \boxed{}$$

3

$$300 \div 12 = \boxed{}$$

⬭   ÷6

$$50 \div 2 = 25$$

4

$$3100 \div 20 = 155$$

⬭   ⬭

$$12400 \div 80 = 155$$

5

$$240 \div 6 = \boxed{}$$

×9   ⬭

$$2160 \div 54 = \boxed{}$$

6

$$189 \div \boxed{} = 9$$

⬭   ÷3

$$\boxed{} \div 7 = 9$$

▶ 정답 및 해설 19쪽

3616

▶ 개념 다지기 2

전체와 나누는 수가 커지거나 작아질 때, 몫의 크기는 어떻게 변하는
지 화살표로 나타내세요.

1

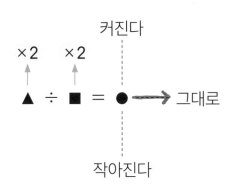

2

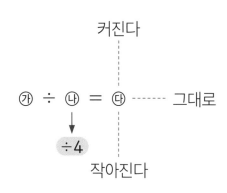

3

커진다

ⓐ ÷ ⓑ = ⓒ ------ 그대로

↓ ↓
÷2 ÷2

작아진다

4

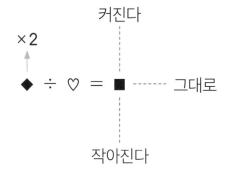

5

커진다

×5

↑
㉠ ÷ ㉡ = ㉢ ------ 그대로

↓
÷5

작아진다

6

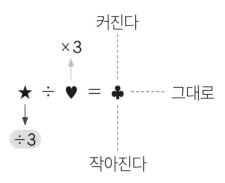

빈칸을 알맞게 채우세요.

1

$$1200 \div 2 = 600$$

같다!

$$2400 \div \boxed{4} = 600$$

같다!

$$7200 \div \boxed{12} = 600$$

2

$$420 \div 4 = 105$$

$$\boxed{} \div 8 = 105$$

$$1680 \div \boxed{} = 105$$

3

$$6600 \div 22 = 300$$

$$\boxed{} \div 11 = 300$$

$$9900 \div \boxed{} = 300$$

4

$$\boxed{} \div 35 = 80$$

$$5600 \div 70 = 80$$

$$560 \div \boxed{} = 80$$

5

$$4800 \div 80 = \boxed{}$$

$$1200 \div \boxed{} = 60$$

$$\boxed{} \div 4 = 60$$

6

$$9000 \div 45 = \boxed{}$$

$$\boxed{} \div 15 = 200$$

$$6000 \div \boxed{} = 200$$

▶ 개념 마무리 2

몫이 같은 나눗셈식에 ○표 하세요.

1 ——————————————————————————————

| 20 ÷ 5 | 40 ÷ 5 | (100 ÷ 25) | 20 ÷ 10 |

2 ——————————————————————————————

| 90 ÷ 3 | 810 ÷ 27 | 900 ÷ 3 | 180 ÷ 60 |

3 ——————————————————————————————

| 160 ÷ 4 | 16 ÷ 4 | 320 ÷ 40 | 1600 ÷ 40 |

4 ——————————————————————————————

| 210 ÷ 6 | 420 ÷ 12 | 30 ÷ 6 | 630 ÷ 36 |

5 ——————————————————————————————

| 300 ÷ 15 | 60 ÷ 5 | 900 ÷ 30 | 100 ÷ 5 |

6 ——————————————————————————————

| 640 ÷ 20 | 80 ÷ 5 | 64 ÷ 2 | 320 ÷ 20 |

6 0이 많이 있는 나눗셈

$$20000 \div 200 = \ ?$$

$\div 100$ ↓ $\div 100$ ↓

$$200 \ \div \ 2 \ = 100$$

같은 배로 작아지면 몫은 그대로니까~

$$? \ = \ 100$$

☆00000 ÷ ☆00

= 1000

똑같은 개수만큼
지우고 나누기!

$$80000 \div 1000 = \ ?$$

$\div 1000$ ↓ $\div 1000$ ↓

$$80 \ \div \ 1 \ = 80$$

같은 배로 작아지면 몫은 그대로니까~

$$? \ = \ 80$$

♡00000 ÷ 1000

= ♡00

똑같은 개수만큼
지우고 나누기!

▶ 개념 익히기 1

나눗셈식에서 지울 수 있는 0에 /표 하고, 간단해진 나눗셈식을 아래에 쓰세요.

1

$$30000 \div 300$$

↓

$$300 \div 3$$

2

$$40000 \div 4000$$

↓

3

$$500000 \div 100$$

↓

▶ 정답 및 해설 21쪽

3617

⭐ 0이 많이 있는 나눗셈을 할 때는~

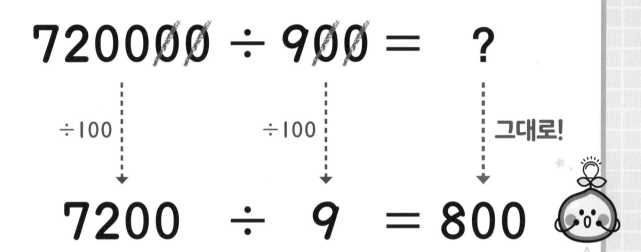

$$720000 \div 900 = \quad ?$$

$\div 100$ $\div 100$ 그대로!

$$7200 \quad \div \quad 9 \quad = 800$$

아~ 그러니까
? = 800
이구나!

➡ 0을 같은 개수만큼 지우고 나누기!

▶ 개념 익히기 2

주어진 나눗셈식과 몫이 같은 나눗셈식에 V표 하세요.

1

$28000 \div 400$

$28000 \div 4$ ☐

$280 \div 4$ ☑

2

$35000 \div 700$

$350 \div 7$ ☐

$35 \div 7$ ☐

3

$78000 \div 3000$

$78 \div 30$ ☐

$78 \div 3$ ☐

▶ 개념 다지기 1

두 나눗셈식의 **몫이 같도록** 빈칸을 알맞게 채우세요.

1

150000 ÷ 1200 = ⎡125⎤

같다!

⎡1500⎤ ÷ 12 = ⎡125⎤

2

24000 ÷ 600 = ☐

같다!

☐ ÷ 6 = ☐

3

27000 ÷ 9000 = ☐

같다!

☐ ÷ 9 = ☐

4

77000 ÷ 1100 = ☐

같다!

☐ ÷ 11 = ☐

5

320000 ÷ 4000 = ☐

같다!

☐ ÷ 4 = ☐

6

960000 ÷ 15000 = ☐

같다!

☐ ÷ 15 = ☐

 개념 다지기 2

계산 과정에서 지울 수 있는 0을 같은 개수만큼 지우고, 계산해 보세요.

1

$$70\cancel{00} \div 1\cancel{00} = 70$$

2

$$50000 \div 500 =$$

3

$$480000 \div 1200 =$$

4

$$90000 \div 3000 =$$

5

$$52000 \div 4000 =$$

6

$$780000 \div 6000 =$$

계산 결과를 찾아 선으로 이으세요.

1

300000 •

• 30000÷10 — 3000

• 3000×100 •

• 30000

2

100 •

• 7000÷70 •

• 1000

• 70000÷7000 •

• 10

3

600000 •

• 60000÷100 •

• 600

• 600×1000 •

• 6000

4

40 •

• 12000÷300 •

• 400

• 12000÷30 •

• 4000

5

8000 •

• 480000÷60 •

• 800

• 48000÷600 •

• 80

6

9000 •

• 9000×10 •

• 90000

• 900000÷100 •

• 90

▶ 정답 및 해설 22~23쪽

▶ 개념 마무리 2

보기의 수 중에서 세 수를 이용하여 조건에 맞는 나눗셈식을 만들어 보세요.

3618

보기

620000   100   2   10

310000   3100   62000

1

몫이 가장 큰 나눗셈식   ➡ $620000 \div 2 = 310000$

2

몫이 10인 나눗셈식   ➡

3

몫이 세 자리 수인 나눗셈식   ➡

4

몫에 0이 없는 나눗셈식   ➡

5

몫이 네 자리 수인 나눗셈식   ➡

지금까지 나눗셈 사이의 관계에 대해 살펴보았습니다.
얼마나 제대로 이해했는지 확인해 봅시다.

✅ 단원 마무리

1

▲와 ■에 알맞은 수의 합을 구하시오.

$$481 \times 3 \div ▲ = 481$$

$$570 \div 5 \times ■ = 570$$

2

몫이 큰 순서대로 괄호 안에 1, 2, 3을 쓰시오.

$$2500 \div 5$$　　　　$$2500 \div 500$$　　　　$$2500 \div 50$$

(　　)　　　　　(　　)　　　　　(　　)

3

나눗셈의 나머지가 없고, 몫이 점점 작아지도록 수 카드를 골라 빈칸에 쓰시오.

$$\boxed{} \div 8 = ?$$
↓
$$\boxed{} \div 8 = ?$$
↓
$$\boxed{} \div 8 = ?$$

38　64　20　96　24

4

나눗셈식에서 계산하기 전에 지울 수 있는 0의 개수가 더 많은 사람의 이름을 쓰시오.

수아　　$$800020 \div 400$$

하온　　$$736000 \div 800$$

맞은 개수 8개	매우 잘했어요.
맞은 개수 6~7개	실수한 문제를 확인하세요.
맞은 개수 5개	틀린 문제를 2번씩 풀어 보세요.
맞은 개수 1~4개	앞부분의 내용을 다시 한번 확인하세요.

스스로 평가

▶ 정답 및 해설 24쪽

5

자연수 ★을 나눌 때, 몫이 작은 것부터 순서대로 기호를 쓰시오.

ㄱ ★÷4   ㄴ ★÷2   ㄷ ★÷10   ㄹ ★÷8

6

$140÷7$과 몫이 같은 나눗셈식입니다. 빈칸에 들어갈 수 중에 가장 큰 수를 쓰시오.

$1400 ÷ \boxed{?}$ $280 ÷ \boxed{??}$ $700 ÷ \boxed{???}$

7

몫이 더 큰 나눗셈식을 위의 칸에 쓸 때, 빈칸을 모두 채우시오.

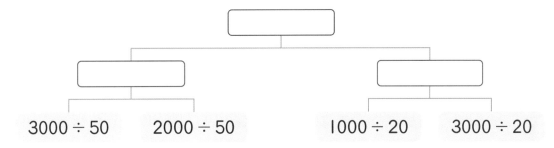

$3000 ÷ 50$ $2000 ÷ 50$ $1000 ÷ 20$ $3000 ÷ 20$

8

$4655÷19=245$일 때, $4655000÷190$의 몫을 구하시오.

서술형으로 확인 ✏️

1

두 친구가 만든 식을 보고, 계산 과정에서 생략해도 되는 부분이 있는 식은 누구의 것인지 이름을 쓰고, 그 이유를 쓰세요. (힌트: **38~39**쪽)

| 예준 | $3000 \times 3 \div 3 + 300$ |
| 한샘 | $3000 \times 3 + 300 \div 3$ |

이름:
....

이유:
....
....
....

2

$126 \div 18$과 몫이 같은 나눗셈식을 만들 때, (두 자리 수)÷(한 자리 수)인 식을 3개 쓰세요. (힌트: **62~63**쪽)

....

....

....

3

두 친구가 저금통에 넣은 돈을 비교했습니다. 지폐의 수가 더 많은 사람이 누구인지 설명해 보세요. (힌트: **68~69**쪽)

윤지

난 천 원짜리로 54만 원을 저금했어.

....

준호

난 오천 원짜리로 210만 원을 저금했어.

....

잠깐! 서술형으로 쓰기 어려워? 그럼 앞에서 배운 걸 떠올려 봐! 앞에서 찾아보고 적어도 좋아!

퀴즈!

1 일을 많이 할수록 키가 작아지는 것은?

2 뚱뚱하면 뚱뚱할수록 더 가벼워지는 것은?

3 어두우면 어두울수록 더 잘 보이는 것은?

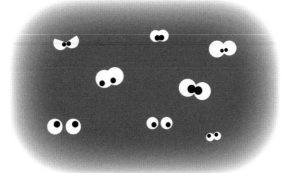

<정답>

①몽당 ②풍선 ③별

9

나눗셈의
응용

이제부터는 나눗셈이 어떤 상황에서
어떻게 사용되는지 알려줄게!

그런데 나눗셈은
(작은 수)÷(큰 수)도 계산할 수 있어서
무엇을 무엇으로 나누는지 잘 봐야 해!

이때,
문제 상황을 간단한 그림으로 나타내면
무엇을 무엇으로 나누는지 확실히 알 수 있지~

그럼, 나눗셈을 어떻게 사용하는지 살펴볼까?

큰 수 ÷ **작은 수**

작은 수 ÷ **큰 수**

나눗셈은
두 가지 모두
계산할 수 있지!

1 나눗셈의 응용 (1)

문제 1 떡 2개의 가격이 3000원일 때, **떡 1개**의 가격은?

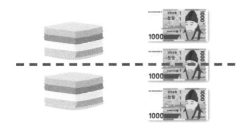

➡ $3000 \div 2 = 1500$(원)

문제 2 피자 4조각이 10000원일 때, **피자 1조각**의 가격은?

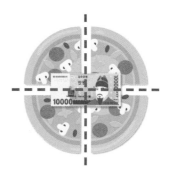

➡ $10000 \div 4 = 2500$(원)

$$\left(\text{물건 가격} \right) \div \left(\text{물건 개수} \right) = \left(\text{1개의 가격} \right)$$

▶ 개념 익히기 1

점선을 따라 그림을 나누고, 빈칸을 알맞게 채우세요.

1

만두 3개

<1800원>

만두 1개의 가격

$1800 \div \boxed{3}$

2

라면 5봉지

<5500원>

라면 1봉지의 가격

$5500 \div \boxed{}$

3

펜 4자루

<4800원>

펜 1자루의 가격

$4800 \div \boxed{}$

▶ 정답 및 해설 25쪽

응용문제 귤 50개의 가격이 20000원일 때,
귤 60개의 가격은?

귤 1개의 가격을
먼저 알아야겠네~

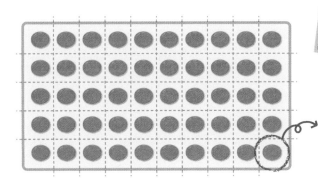

귤 1개의 가격은?
$2000\emptyset \div 5\emptyset = 400(원)$

식 $20000 \div 50 \times 60$

귤 1개의 가격

$= 400 \times 60$

$= 24000$ **답** 24000원

▶ 개념 익히기 2

문장을 읽고 문제 해결을 위한 전략을 세울 때, 빈칸을 알맞게 채우세요.

1

양말 12켤레의 가격이 13200원일 때, 양말 7켤레의 가격은?

(한 켤레의 가격) × $\boxed{7}$

2

색연필 6자루의 가격이 4500원일 때, 색연필 5자루의 가격은?

(한 자루의 가격) × $\boxed{}$

3

캐러멜 13개의 가격이 2730원일 때, 캐러멜 2개의 가격은?

(한 개의 가격) × $\boxed{}$

빈칸을 알맞게 채우세요.

1 딸기주스 4잔에 12000원일 때,
1잔의 가격은?

↓

$12000 ÷ \boxed{4} = \boxed{3000}$ (원)

2 파이 3개에 5400원일 때,
1개의 가격은?

↓

$5400 ÷ \boxed{} = \boxed{}$ (원)

3 칫솔 5개가 6000원일 때,
1개의 가격은?

↓

$\boxed{} ÷ 5 = \boxed{}$ (원)

4 마스크 10장이 7500원일 때,
1장의 가격은?

↓

$\boxed{} ÷ 10 = \boxed{}$ (원)

5 물티슈 10팩에 11400원일 때,
1팩의 가격은?

↓

$\boxed{} ÷ \boxed{} = \boxed{}$ (원)

6 면봉 100개가 2000원일 때,
1개의 가격은?

↓

$\boxed{} ÷ \boxed{} = \boxed{}$ (원)

▶ 정답 및 해설 25~26쪽

▶ 개념 다지기 2

상품을 고를 때, 1개의 가격이 더 싼 것에 ○표 하세요.

1

김치 컵라면
20개

7800원

무료배송   내일 도착

달걀 컵라면
12개

4200원

무료배송   내일 도착

2

옛날 호두과자
16개

6400원

무료배송   내일 도착

명물 호두과자
30개

9600원

무료배송   내일 도착

3

화이트 치약
9개

21600원

무료배송   내일 도착

민트향 치약
6개

19800원

무료배송   내일 도착

4

복숭아 통조림
5개

17000원

무료배송   내일 도착

파인애플 통조림
3개

13800원

무료배송   내일 도착

▶ 개념 마무리 1

물음에 답하세요.

1

캔 음료 30개에 14700원일 때, 7개의 가격은 얼마일까요?

$(1개의 가격) = 14700 \div 30$

$(1개의 가격) \times \boxed{7}$

식 $\underline{14700 \div 30 \times 7 = 3430}$ 답 $\underline{3430}$ 원

2

휴지 24롤에 12000원일 때, 9롤의 가격은 얼마일까요?

$(1롤의 가격) = 12000 \div 24$

$(1롤의 가격) \times \boxed{}$

식 _____   답 _____ 원

3

구운 계란 60개에 15000원일 때, 50개의 가격은 얼마일까요?

$(1개의 가격) = 15000 \div \boxed{}$

$(1개의 가격) \times \boxed{}$

식 _____   답 _____ 원

4

편지 봉투 500장에 30000원일 때, 700장의 가격은 얼마일까요?

$(1장의 가격) = 30000 \div \boxed{}$

$(1장의 가격) \times \boxed{}$

식 _____   답 _____ 원

▶ 정답 및 해설 26~27쪽

▶ 개념 마무리 2

물음에 답하세요.

3621

1   호떡 3개에 4500원일 때,
      호떡 10개의 가격

    식 4500÷3×10=15000

    답 15000 원

2   마카롱 5개에 16000원일 때,
      마카롱 8개의 가격

    식 _____

    답 _____ 원

3   요구르트 20개에 4400원일 때,
      요구르트 70개의 가격

    식 _____

    답 _____ 원

4   튤립 4송이에 6000원일 때,
      튤립 13송이의 가격

    식 _____

    답 _____ 원

5   종이컵 1000개에 12000원일 때,
      종이컵 50개의 가격

    식 _____

    답 _____ 원

6   핫팩 80개에 33600원일 때,
      핫팩 35개의 가격

    식 _____

    답 _____ 원

2 나눗셈의 응용 (2)

문제 고기가 600 g에 2만 원입니다.
만 원으로는 고기 몇 g을 살 수 있을까요?

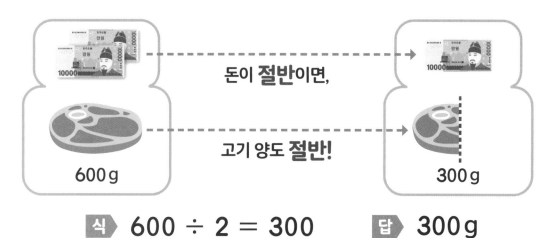

돈이 **절반**이면,

고기 양도 **절반!**

600 g

300 g

식 600 ÷ 2 = 300 **답** 300 g

$$\left(\begin{array}{c}\text{물건}\\\text{양}\end{array}\right) \div \left(\begin{array}{c}\text{지폐}\\\text{수}\end{array}\right) = \left(\begin{array}{c}\text{지폐 1장당}\\\text{물건 양}\end{array}\right)$$

▶ 개념 익히기 1

가격당 양이 얼마만큼인지 구하는 식을 완성하세요.

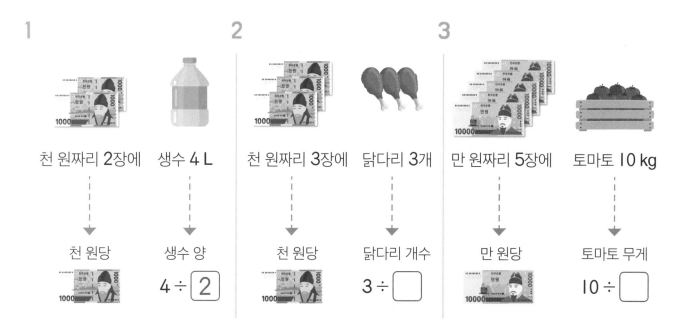

1

천 원짜리 2장에 생수 4 L

천 원당 생수 양
4 ÷ [2]

2

천 원짜리 3장에 닭다리 3개

천 원당 닭다리 개수
3 ÷ [ ]

3

만 원짜리 5장에 토마토 10 kg

만 원당 토마토 무게
10 ÷ [ ]

응용문제 참기름이 180 mL에 12000원입니다.
5000원으로는 참기름 몇 mL를 살 수 있을까요?

> 먼저 1000원당
> 참기름의 양을 알아봐~

12000원 ----÷12---→ 1000원 ----×5---→ 5000원

180 mL   ----÷12---→   ? mL   ----×5---→   ?? mL

식 $180 \div 12 \times 5$

$= 15 \times 5$

$= 75$

답 75 mL

▶ 개념 익히기 2

문장을 읽고 문제 해결을 위한 전략을 세울 때, 빈칸을 알맞게 채우세요.

1

고구마 10 kg이 20000원일 때, 50000원으로는 몇 kg을 살 수 있을까요?

(만 원어치) × ⑤

2

검은콩 1200 g이 16000원일 때, 7000원에 살 수 있는 양은 몇 g일까요?

(천 원어치) × ☐

3

들기름 900 mL가 45000원일 때, 3000원어치는 몇 mL일까요?

(천 원어치) × ☐

▶ 개념 다지기 1

빈칸을 알맞게 채우세요.

1

리본
80 cm의
가격은
4000원입니다.

4000원 ——→ 1000원
80 cm ——→ 20 cm
÷ 4

1000원으로
리본 20 cm를
살 수 있습니다.

2

토마토
6 kg의 가격은
2만 원입니다.

20000원 ——→ 10000원
6 kg ——→ ☐ kg
÷ ☐

만 원으로는
토마토 ☐ kg을
살 수 있습니다.

3

고기
2400 g이
6만 원입니다.

60000원 ——→ 10000원
2400 g ——→ ☐ g
÷ ☐

고기
만 원어치는
☐ g입니다.

4

페인트
300 mL가
5천 원입니다.

5000원 ——→ 1000원
300 mL ——→ ☐ mL
÷ ☐

페인트
천 원어치는
☐ mL입니다.

5

소금
20 kg이
4만 원입니다.

40000원 ——→ 10000원
20 kg ——→ ☐ kg
÷ ☐

만 원으로는
소금 ☐ kg을
살 수 있습니다.

▶ 개념 다지기 2

물음에 답하세요.

1

쌀 20 kg에 50000원일 때, 30000원어치는 몇 kg일까요?

(만 원어치) × $\boxed{3}$

(만 원어치) = 20÷5

식 $20 \div 5 \times 3 = 12$ **답** 12 kg

2

새우 800 g에 16000원일 때, 8000원만큼의 양은 몇 g일까요?

(천 원어치) × $\Box$

(천 원어치) = 800÷16

식 _____   **답** _____ g

3

건전지 36개에 18000원일 때, 5000원으로 건전지 몇 개를 살 수 있을까요?

(천 원어치) × $\Box$

(천 원어치) = 36÷18

식 _____   **답** _____ 개

4

비타민 90알이 30000원일 때, 100000원어치는 몇 알일까요?

(만 원어치) × $\Box$

(만 원어치) = 90÷3

식 _____   **답** _____ 알

1

유자청 630 g에 14000원일 때, 만 원어치는 몇 g일까요?

식 $630 ÷ 14 × 10 = 450$ 답   450   g

2

땅콩 700 g에 10000원일 때, 7000원으로는 몇 g을 살 수 있을까요?

식   답   g

3

식용유 1800 mL에 9000원일 때, 10만 원어치는 몇 mL일까요?

식   답   mL

4

방울토마토 3500 g에 25000원일 때, 15000원으로는 몇 g을 살 수 있을까요?

식   답   g

5

밀가루 10 kg에 2만 원일 때, 50000원의 양은 몇 kg일까요?

식   답   kg

6

오렌지주스 800 mL가 4000원일 때, 만 원어치는 몇 mL일까요?

식   답   mL

▶ 정답 및 해설 29~30쪽

3624

▶ 개념 마무리 2

상황에 알맞게 빈칸을 채우세요.

1

삼겹살 5만 원어치 주세요!

네~ 그럼 <u>1250</u> g 입니다.

삼겹살 500 g에 20000원

2

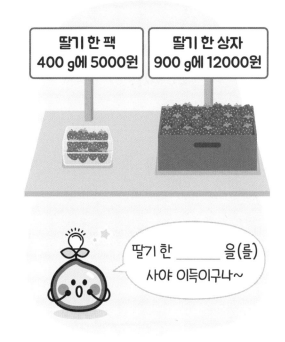

딸기 한 팩 400 g에 5000원   **딸기 한 상자 900 g에 12000원**

딸기 한 _____ 을(를) 사야 이득이구나~

3

붕어빵 10개 주세요~

네~ 10개에 _____ 원 입니다.

붕어빵 4개 2000원

4

아몬드 만 원어치 주세요~

네~ 그럼 _____ g 입니다.

아몬드 400 g에 8000원

3 나머지까지 나누기

문제 솜사탕이 5 g에 2000원입니다.
1000원으로는 솜사탕 몇 g을 살 수 있을까요?

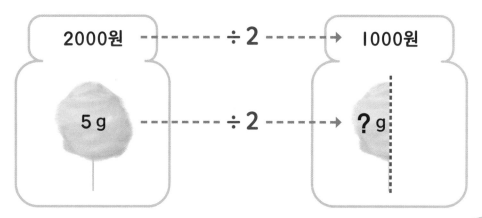

식 $5 \div 2 = 2 \cdots 1$

이때, 나머지도
잘게 쪼개서
더 나눌 수 있어!

▶ **개념 익히기 1**

나눗셈을 하여 몫과 나머지를 구하세요. (단, 몫은 자연수)

1

$7 \div 4 = 1 \cdots 3$

2

$19 \div 6 =$

3

$24 \div 5 =$

나머지까지 나눌 때의 계산 방법

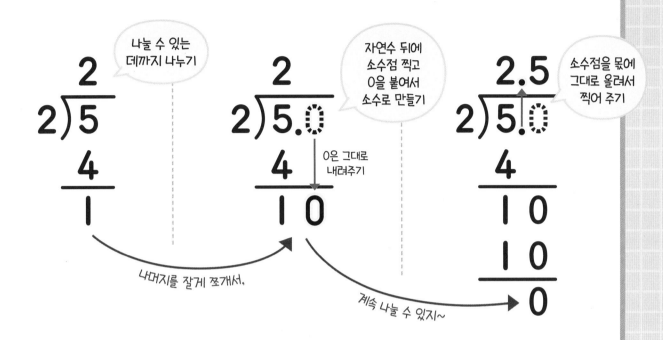

나눌 수 있는 데까지 나누기

자연수 뒤에 소수점 찍고 0을 붙여서 소수로 만들기

소수점을 몫에 그대로 올려서 찍어 주기

0은 그대로 내려주기

나머지를 잘게 쪼개서,

계속 나눌 수 있지~

답 1000원으로는 솜사탕 **2.5 g**을 살 수 있어요!

▶ 개념 익히기 2

자연수에 소수점을 찍고 0을 붙여서 소수로 나타내세요.

1
12 ──소수로──▶ 12.0

2
7 ──소수로──▶

3
354 ──소수로──▶

▶ 개념 다지기 1

몫의 자리에 소수점을 알맞게 찍고, 몫을 구하세요.

나눗셈 3

1

```
      8.2 5
  4)3 3.0 0
    3 2
    ─────
      1 0
        8
      ─────
        2 0
        2 0
        ─────
          0
```

몫 __8.25__

2

```
      1 5
  6)9.0
    6
    ───
    3 0
    3 0
    ───
      0
```

몫 _____

3

```
      2 5
  8)2 0.0
    1 6
    ─────
      4 0
      4 0
      ─────
        0
```

몫 _____

4

```
      1 4 2
  5)7 1.0
    5
    ─────
    2 1
    2 0
    ─────
      1 0
      1 0
      ─────
        0
```

몫 _____

5

```
      8 5
  4)3 4.0
    3 2
    ─────
      2 0
      2 0
      ─────
        0
```

몫 _____

6

```
      5 1 8
  5)2 5 9.0
    2 5
    ───────
        9
        5
      ───────
        4 0
        4 0
        ───────
          0
```

몫 _____

▶ 개념 다지기 2

나머지를 잘게 쪼개서 나누어떨어질 때까지 나누고, 몫을 구하세요.

1
```
     1.6
 5)8.0
   5↓
   3 0
   3 0
     0
```
몫 _____

2
```
      6
 2)1 3.0
   1 2
     1
```
몫 _____

3
```
      4
 6)2 7.0
   2 4
     3
```
몫 _____

4
```
      9
 8)7 6
   7 2
     4
```
몫 _____

5
```
     1 6
 4)6 6
   4
   2 6
   2 4
     2
```
몫 _____

6
```
     1 4
 5)7 3
   5
   2 3
   2 0
     3
```
몫 _____

▶ 개념 마무리 1

나머지가 0이 될 때까지 계산해 보세요.

1

```
      1.2
   5)6.0
     5
    ──
     1 0
     1 0
    ──
       0
```

2

```
   2)7
```

3

```
   4)3 0
```

4

```
   8)1 3 2
```

5

```
   6)5 7
```

6

```
   8)2 2
```

▶ 정답 및 해설 32~33쪽

▶ 개념 마무리 2

물음에 답하세요.

1 밀가루 20 kg이 16000원일 때, 1000원만큼의 양은 몇 kg일까요?

식 <u>20 ÷ 16 = 1.25</u>

답 <u>1.25</u> kg

2 99 cm인 막대를 6등분하면 한 도막은 몇 cm일까요?

식 _____

답 _____ cm

3 양파 75 kg을 20개의 망에 똑같이 나누어 담을 때, 한 망에 몇 kg씩 담아야 할까요?

식 _____

답 _____ kg

4 페인트가 18 L에 50000원일 때, 10000원으로는 몇 L를 살 수 있을까요?

식 _____

답 _____ L

5 쌀 100 kg을 8명에게 똑같이 나누어줄 때, 한 사람에게 몇 kg씩 줄 수 있을까요?

식 _____

답 _____ kg

6 방울토마토가 6 kg에 40000원일 때, 10000원으로는 몇 kg을 살 수 있을까요?

식 _____

답 _____ kg

4 (작은 수) ÷ (큰 수)

소수점을 이용하여 계산하는 법

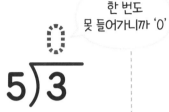

한 번도 못 들어가니까 '0'

자연수 뒤에 소수점 찍고 0을 붙여서 소수로 만들기

소수점을 몫에 그대로 올려서 찍어 주기

(작은 수) ÷ (큰 수) 를 했더니

몫이 **1**보다 **작아**지네~

▶ 개념 익히기 1

몫이 1보다 작은 나눗셈식에 ○표 하세요.

1	2	3
$2 \div 5$	$16 \div 4$	$9 \div 3$
$9 \div 6$	$7 \div 2$	$5 \div 8$
$10 \div 3$	$8 \div 10$	$12 \div 6$

응용문제 주스 3 L를 5병에 똑같이 나누어 담았습니다.
2병에 담겨 있는 주스는 몇 L일까요?

먼저 한 병에 담긴
주스의 양을 구해보자!

5병 ------ ÷5 ------→ 1병 ------ ×2 ------→ 2병

3 L ------ ÷5 ------→ ? L ------ ×2 ------→ ?? L

식 $3 \div 5 \times 2$

$= 0.6 \times 2$

$= 1.2$

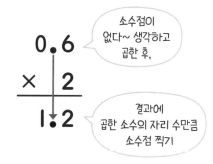

소수점이
없다~ 생각하고
곱한 후,

결과에
곱한 소수의 자리 수만큼
소수점 찍기

답 1.2 L

▶ 개념 익히기 2

곱셈 결과에 알맞게 소수점을 찍으세요.

1

```
    1.7 4
 ×      6
 1 0.4 4
```

2

```
    0.3 5
 ×      8
    2 8 0
```

3

```
    2.9
 ×    7
  2 0 3
```

▶ 개념 다지기 1

소수점을 찍고, 나머지가 0이 될 때까지 이어서 계산하세요.

1

```
      0.8
  5 ) 4.0
      4 0
        0
```

2

```
      0
  8 ) 2
```

3

```
       0
  1 2 ) 9
```

4

```
       0
  1 5 ) 3
```

5

```
       0
  2 0 ) 1 1
```

6

```
       0
  4 0 ) 1 6
```

▶ 정답 및 해설 34~35쪽

▶ 개념 다지기 2

수 카드 중에서 2장을 골라 몫이 가장 작은 나눗셈식을 만들고,
계산해 보세요.

1

| 15 | 9 | 12 |

나눗셈식 $9 \div 15 = 0.6$

2

| 14 | 20 | 19 |

나눗셈식

3

| 30 | 24 | 18 |

나눗셈식

4

| 13 | 17 | 25 |

나눗셈식

5

| 32 | 40 | 26 |

나눗셈식

6

| 45 | 36 | 75 |

나눗셈식

▶ 개념 마무리 1

빈칸을 알맞게 채우고, 식을 세워 답을 구하세요.

1

콩 60 kg을 80봉지에 똑같이 나누어 담을 때, 30봉지에 담은 콩은 모두 몇 kg일까요?

60 kg $\xrightarrow{\div 80}$ 한 봉지에 담긴 무게 $\boxed{0.75}$ kg $\xrightarrow{\times 30}$ 30봉지에 담긴 무게

식 $60 \div 80 \times 30 = 22.5$ 답   22.5   kg

2

물감 1 L를 5명이 똑같이 나눌 때, 2명이 갖는 물감은 모두 몇 L일까요?

1 L $\xrightarrow{\bigcirc\square}$ 1명이 갖는 물감의 양 $\boxed{}$ L $\xrightarrow{\bigcirc\square}$ 2명이 갖는 물감의 양

식   답   L

3

4 m의 철사를 모두 사용하여 정팔각형을 만들 때, 세 변의 길이의 합은 몇 m일까요?

4 m $\xrightarrow{\bigcirc\square}$ 정팔각형 한 변의 길이 $\boxed{}$ m $\xrightarrow{\bigcirc\square}$ 정팔각형 세 변의 길이의 합

식   답   m

4

사과즙 3 L가 20000원일 때, 6000원어치는 몇 L일까요?

3 L $\xrightarrow{\bigcirc\square}$ 사과즙 1000원어치 $\boxed{}$ L $\xrightarrow{\bigcirc\square}$ 사과즙 6000원어치

식   답   L

▶ 정답 및 해설 36~38쪽

▶ 개념 마무리 2

물음에 답하세요.

3629

1

친구가 만든 정오각형의 둘레가 **2 m**일 때, 정오각형과 한 변의 길이가 같은 정사각형을 만들려면 철사는 몇 **m**가 필요할까요?

식 $2 \div 5 \times 4 = 1.6$ 답 ___1.6___ m

2

주스 **4 L**를 **16**명이 똑같이 나누어 마시면 한 사람이 몇 **L**씩 마실 수 있을까요?

식 _____   답 _____ L

3

100원짜리 동전 **50**개의 무게가 **271 g**일 때, 동전 **1**개의 무게는 몇 **g**일까요?

식 _____   답 _____ g

4

세탁세제 **18 L**가 **15000**원일 때, 만 원어치는 몇 **L**일까요?

식 _____   답 _____ L

5

감자 **20 kg**을 **80**상자에 똑같이 나누어 담았을 때, **5**상자의 무게는 몇 **kg**일까요?

식 _____   답 _____ kg

6

3 m인 끈을 **4**등분하고, 그중에서 **3**개만 사용하여 리본을 만들었습니다. 리본을 만드는 데 사용한 끈의 길이는 몇 **m**일까요?

식 _____   답 _____ m

5 나눗셈의 활용

2시간 동안 일정한 빠르기로
5 km를 걸었다!

**1시간에는
몇 km를 걸었을까?**

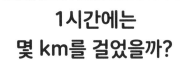

2시간
5 km → ÷2 → 1시간
? km

식▶ $5 \div 2 = 2.5$

답▶ 2.5 km

$$\begin{array}{r} 2.5 \\ 2\overline{)5.0} \\ \underline{4} \\ 1\,0 \\ \underline{1\,0} \\ 0 \end{array}$$

**1 km를 가는 데는
몇 시간 걸렸을까?**

2시간
5 km → ÷5 → ?시간
1 km

식▶ $2 \div 5 = 0.4$

답▶ 0.4시간

$$\begin{array}{r} 0.4 \\ 5\overline{)2.0} \\ \underline{2\,0} \\ 0 \end{array}$$

▶ **개념 익히기 1**

5분 동안 4 km를 일정한 빠르기로 이동했습니다. 빈칸을 알맞게 채우세요.

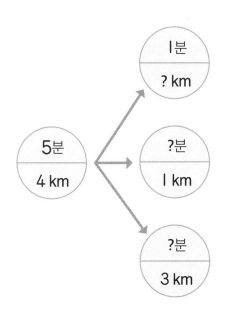

1분
? km

5분
4 km

?분
1 km

?분
3 km

1

1분 동안 이동한 거리를 식으로 나타내세요.

$\boxed{4} \div \boxed{5}$

2

1 km를 가는 데 걸리는 시간을 식으로 나타내세요.

$\boxed{} \div \boxed{}$

3

2를 이용하여 3 km를 가는 데 걸리는 시간을 식으로 나타내세요.

$\boxed{} \div \boxed{} \times \boxed{}$

3시간 동안 일정하게
물 90 L가 나왔다!

물이 1 L 나오는 데 몇 분이 걸렸을까?

➡ 시간을 분으로 바꿔서 계산!

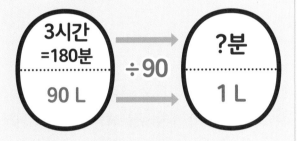

식 180 ÷ 90 = 2

답 2분

1분에는 몇 mL 나왔을까?

➡ 시간을 분으로,
L는 mL로 바꿔서 계산!

식 90000 ÷ 180 = 500

답 500 mL

▶ 개념 익히기 2

빈칸을 알맞게 채우세요.

1

2 km = 2000 m

2

5 L = ⬚ mL

3

4시간 = ⬚ 분

▶ 개념 다지기 1

문제를 읽고, 그림의 빈칸을 알맞게 채우세요.

1 3시간 동안 일정한 빠르기로 4 km를 걸었습니다. 1 km를 걷는 데 몇 시간이 걸렸을까요?

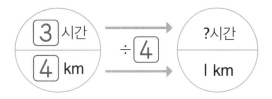

2 2시간 동안 일정한 빠르기로 16 km를 이동했습니다. 1 km를 이동하는 데 몇 시간이 걸렸을까요?

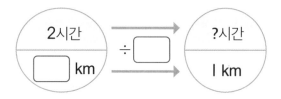

3 40분 동안 일정하게 물 160 L를 받았습니다. 1분 동안 받은 물의 양은 몇 L일까요?

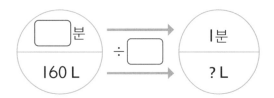

4 50분 동안 일정한 빠르기로 6 km를 뛰었습니다. 1 km를 뛰는 데 몇 분이 걸렸을까요?

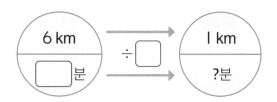

5 5일 동안 물 12 L를 똑같이 나누어 마셨습니다. 1일 동안 마신 물의 양은 몇 L일까요?

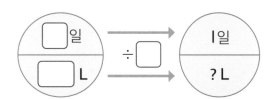

6 욕조의 담긴 물 3 L를 빼는 데 42초가 걸렸습니다. 물 1 L를 빼는 데 몇 초가 걸렸을까요?

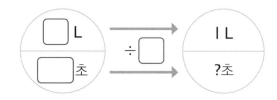

▶ 개념 다지기 2

단위를 바꾸어 계산하는 과정입니다. 빈칸을 알맞게 채우세요.

1　3시간 동안 일정하게 **9 L**의 물이 나오는 수도가 있습니다.　　물 **1 L**를 받는 데 몇 분이 걸릴까요?

2　30분 동안 일정한 빠르기로 **21 km**를 이동했습니다.　　1분 동안에는 몇 **m**를 이동했을까요?

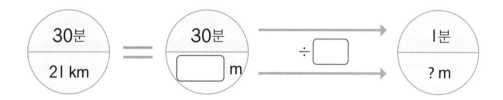

3　길이가 **6 m**인 담장에 페인트를 칠하는 데 **50분**이 걸렸습니다.　　1분 동안 칠한 담장의 길이는 몇 **cm**일까요?

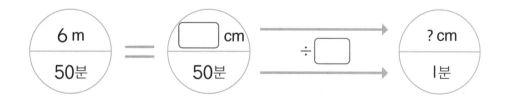

4　솜사탕 **300 g**을 만드는 데 **1시간**이 걸렸습니다.　　솜사탕 **1 g**을 만드는 데 걸린 시간은 몇 분일까요?

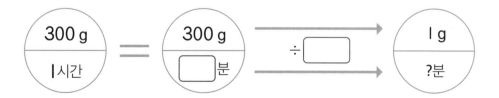

▶ 개념 마무리 1

문제를 읽고, 빈칸을 알맞게 채우세요.

1

2시간에 30 km를 갈 때, 13 km를 가는 데 몇 분이 걸릴까요?

= ☐120☐ 분

(1 km 가는 데 걸리는 시간)

2

4 km를 가는 데 50분이 걸릴 때, 6분 동안 몇 m를 갈 수 있을까요?

= ☐ m

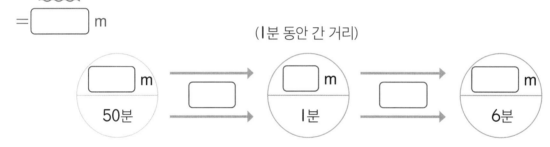

(1분 동안 간 거리)

3

5분 동안 휘발유 12 L를 넣을 때, 7 L를 넣는 데 몇 초가 걸릴까요?

= ☐ 초

(1 L를 넣는 데 걸리는 시간)

4

물 1260 L를 3시간 동안 받았을 때, 23분 동안 받은 물은 몇 L일까요?

= ☐ 분

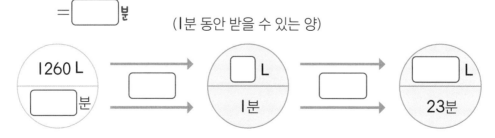

(1분 동안 받을 수 있는 양)

▶ 정답 및 해설 39~41쪽

▶ 개념 마무리 2

물음에 답하세요.

1

2시간 동안 물 360 L가 나오는 수도를 이용하여 물통에 물을 다 채우는 데 7분이 걸렸습니다. 이 물통의 들이는 몇 L일까요?　　21 L

2

24 kg에 30만 원인 돼지고기를 똑같이 나누어 포장하려고 합니다. 나눈 고깃덩어리 하나의 가격이 5만 원이 되도록 하려면 무게는 몇 kg이 되어야 할까요?

3

384 km를 4시간 동안 가는 기차를 타고 ㉮역에서 ㉯역까지 이동했더니 15분이 걸렸습니다. ㉮역에서 ㉯역까지의 거리는 몇 km일까요?

4

휘발유 30 L로 480 km를 이동할 수 있는 자동차가 있습니다. 이 자동차를 타고 집에서 4 km 떨어진 학교까지 이동했을 때, 사용한 휘발유는 몇 mL일까요?

6 빈칸이 있는 나눗셈과 곱셈

4개씩 3묶음은 12개

곱셈 $4 \times 3 = 12$

나눗셈 $12 \div 4 = 3$

12개를 4개씩 묶으면 3묶음

식의 모양을 바꿀 수 있어~

곱셈식

나눗셈식

$$15 \times \boxed{?} = 75$$

곱셈식을
나눗셈식으로!

$$75 \div 15 = \boxed{?}$$

$$\boxed{?} = 5$$

$$\left(\overset{\text{곱한}}{\textbf{결과}} \right) \div \left(\overset{\text{곱한}}{\textbf{수}} \right) = \left(\overset{\text{곱해진}}{\textbf{다른 수}} \right)$$

▶ 개념 익히기 1

곱셈식을 나눗셈식으로 바꾸어 보세요.

1

$$\boxed{?} \times 3 = 72$$

$$\rightarrow \boxed{?} = 72 \div 3$$

2

$$14 \times \boxed{?} = 56$$

$$\rightarrow \boxed{?} =$$

3

$$85 = \boxed{?} \times 17$$

$$\rightarrow \boxed{?} =$$

▶ 정답 및 해설 41쪽

3632

나눗셈에 빈칸이 있을 때

① $\boxed{?} \div 5 = 54$

곱한 것이

맨 앞의 수!

➡ $5 \times 54 = \boxed{?}$

$\boxed{?} = 270$

② $78 \div \boxed{?} = 6$

나눗셈식을 곱셈식으로!

$\boxed{?} \times 6 = 78$

빈칸이 있는 곱셈식 풀기

$78 \div 6 = \boxed{?}$

$\boxed{?} = 13$

나눗셈식을 곱셈식으로 바꿀 때는~ $\left(\substack{\text{나누는} \\ \text{수}} \right) \times \left(\text{몫} \right) = \left(\substack{\text{맨 앞의} \\ \text{전체}} \right)$

▶ 개념 익히기 2

나눗셈식을 곱셈식으로 바꾸려고 합니다. 빈칸을 알맞게 채우세요.

1

$132 \div \boxed{?} = 12$

→ $\boxed{?} \times \boxed{12} = \boxed{132}$

(나누는 수) (몫) $\left(\substack{\text{맨 앞의} \\ \text{전체}} \right)$

2

$\boxed{?} \div 48 = 6$

→ $\boxed{} \times \boxed{} = \boxed{}$

(나누는 수) (몫) $\left(\substack{\text{맨 앞의} \\ \text{전체}} \right)$

3

$85 \div 5 = \boxed{?}$

→ $\boxed{} \times \boxed{} = \boxed{}$

(나누는 수) (몫) $\left(\substack{\text{맨 앞의} \\ \text{전체}} \right)$

▶ 개념 다지기 1

곱셈식은 나눗셈식으로, 나눗셈식은 곱셈식으로 바꾸어 보세요.

1 $A \times B = C$

$C \div B = A$

또는

$C \div A = B$

2 $㉠ \times ㉡ = ㉢$

3 $㉡ = 2 \times ㉠$

4 $52 \div ★ = ♡$

5 $33 = ◎ \div ▲$

6 $㉮ \div 14 = ㉯$

▶ 개념 다지기 2

?에 알맞은 수를 구하세요.

1   $98 \div \boxed{?} = 14$
    7

      $\boxed{?} \times 14 = 98$
      $98 \div 14 = \boxed{?}$
         $\boxed{?} = 7$

2   $8 \times \boxed{?} = 632$

3   $\boxed{?} \times 15 = 7290$

4   $\boxed{?} \div 7 = 49$

5   $128 \div \boxed{?} = 32$

6   $132 \div \boxed{?} = 12$

물음에 답하세요.

1 ?를 7로 나누었더니 몫이 21입니다.
   ?를 49로 나눈 몫을 구하세요.

   3

   ?÷7=21
   7×21=?
      ?=147
   → ?÷49=147÷49
          =3

2 ?에 3을 곱했더니 84입니다. 182를
   ?로 나눈 몫을 구하세요.

3 ?를 5로 나누었더니 몫이 18입니다.
   ?를 15로 나눈 몫을 구하세요.

4 300을 ?로 나누었더니 몫이 15입니
   다. 3240을 ?로 나눈 몫을 구하세요.

5 ?와 17을 곱했더니 425입니다.
   16을 ?로 나눈 몫을 구하세요.

6 288을 ?로 나누었더니 몫이 9입니
   다. ?를 40으로 나눈 몫을 구하세요.

▶ 정답 및 해설 42~44쪽

▶ 개념 마무리 2

물음에 답하세요.

1 1봉지에 12개씩 들어있는 과자를 34봉지 사서 [?]명의 친구들에게 똑같이 나누어 주었더니 한 명당 17개씩 받았습니다.

(1) 34봉지에 들어있는 과자는 모두 몇 개일까요?

408개

(2) [?]의 값을 구하세요.

2 30분에 4500원인 스터디룸을 [?]분 동안 이용하고 2만 원을 냈더니 거스름 돈으로 5000원을 받았습니다.

(1) 스터디룸을 1분 동안 이용할 때, 비용은 얼마일까요?

(2) [?]의 값을 구하세요.

3 4 kg에 [?]원인 커피원두를 6 kg 샀더니 9만 원이었습니다. 이 커피원두를 1 kg씩 묶어서 포장했습니다.

(1) 커피원두 1 kg의 가격은 얼마일까요?

(2) [?]의 값을 구하세요.

4 5 L로 [?] km를 달릴 수 있는 자동차에 휘발유 12 L가 들어있습니다. 이 자동차로 72 km를 달렸더니 휘발유 3 L가 남았습니다.

(1) 72 km를 달리는 데 사용한 휘발유는 몇 L일까요?

(2) [?]의 값을 구하세요.

지금까지 나눗셈의 응용에 대해 살펴보았습니다.
얼마나 제대로 이해했는지 확인해 봅시다.

1

몫이 소수 두 자리 수인 나눗셈식을 모두 찾아 ○표 하시오.

$29 \div 4$ $140 \div 8$ $63 \div 12$ $312 \div 15$

2

공책 1권의 가격이 더 싼 곳은 어느 문구점인지 구하시오.

 스마일 문구점
공책 6권
8400원

 오렌지 문구점
공책 10권
13000원

_____ 문구점

3

몫의 크기를 비교하여 ○ 안에 >, =, <를 쓰시오.

$12 \div 30$ $14 \div 50$

4

만 원으로 살 수 있는 양이 다른 한 곳을 찾아 기호를 쓰시오.

㉠ 스타마트: 팥 900 g에 15000원
㉡ 오늘마트: 팥 400 g에 4000원
㉢ 우리마트: 팥 2 kg에 20000원

	맞은 개수 8개	매우 잘했어요.
	맞은 개수 6~7개	실수한 문제를 확인하세요.
	맞은 개수 5개	틀린 문제를 2번씩 풀어 보세요.
스스로 평가	맞은 개수 1~4개	앞부분의 내용을 다시 한번 확인하세요.

▶ 정답 및 해설 45~46쪽

5

★의 값이 같은 것을 찾아 선으로 이으시오.

$★ ÷ 3 = 29$ •

$99 ÷ ★ = 9$ •

$128 ÷ ★ = 8$ •

• $★ × 17 = 272$

• $154 ÷ ★ = 14$

• $6 × ★ = 522$

6

1시간 30분 동안 일정한 빠르기로 5 km를 뛰었습니다. 1 km를 가는 데 몇 분이 걸렸는지 구하시오.

7

사과식초 1800 mL에 3000원입니다. 7000원으로는 사과식초 몇 mL를 살 수 있는지 식을 쓰고, 답을 구하시오.

식 _____ 답 _____ mL

8

5시간 동안 물 6 L가 나오는 수도가 있습니다. 다음 설명 중 틀린 부분을 모두 찾아 바르게 고치시오.

1시간에 물 1.2 L가 나왔습니다.

물 1 L가 나오는 데 60분이 걸렸습니다.

1분 동안 나온 물은 2 mL입니다.

1 투명 테이프 2개와 풀 3개를 사려면 얼마가 필요한지 설명해 보세요.
(힌트: 80~81쪽)

답:

투명 테이프	풀
5개에	12개에
4200원	7800원

2 수 카드 중에서 2장을 골라 몫이 1보다 작은 나눗셈식을 모두 만들고 계산해 보세요. (힌트: 98쪽)

10   6   25

3 두 친구가 공원에서 운동을 했습니다. 성민이는 1시간 동안 6 km를 달렸고, 세하는 40분 동안 3600 m를 달렸습니다. 누가 더 빠르게 달렸는지 설명해 보세요. (힌트: 104~105쪽)

잠깐! 서술형으로 쓰기 어려워? 그럼 앞에서 배운 걸 떠올려 봐. 앞에서 찾아보고 적어도 좋아!

나누어떨어지지 않는 나눗셈

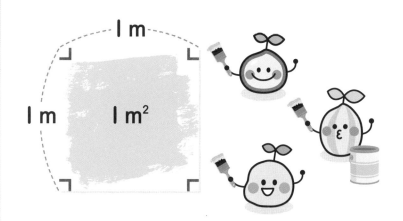

문제

넓이가 1 m²인 벽을 3명이
똑같이 나누어 칠하려고 합니다.
1명이 몇 m²씩 칠해야 할까요?

➡ 1 ÷ 3 = ?

\<풀이\>

세로셈으로 풀기

$$\begin{array}{r} 0.333\cdots \\ 3\overline{)1.000} \\ 9 \\ \hline 10 \\ 9 \\ \hline 10 \\ 9 \\ \hline \vdots \end{array}$$

분수를 이용하여 풀기

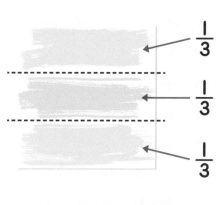

$1 ÷ 3 = \dfrac{1}{3}$

나누어떨어지지 않는 나눗셈은
몫을 분수로 나타내면 편리해요~

초등수학

3

나눗셈

개념이 먼저다

정답 및 해설

교육 R&D에 앞서가는 Key 키출판사

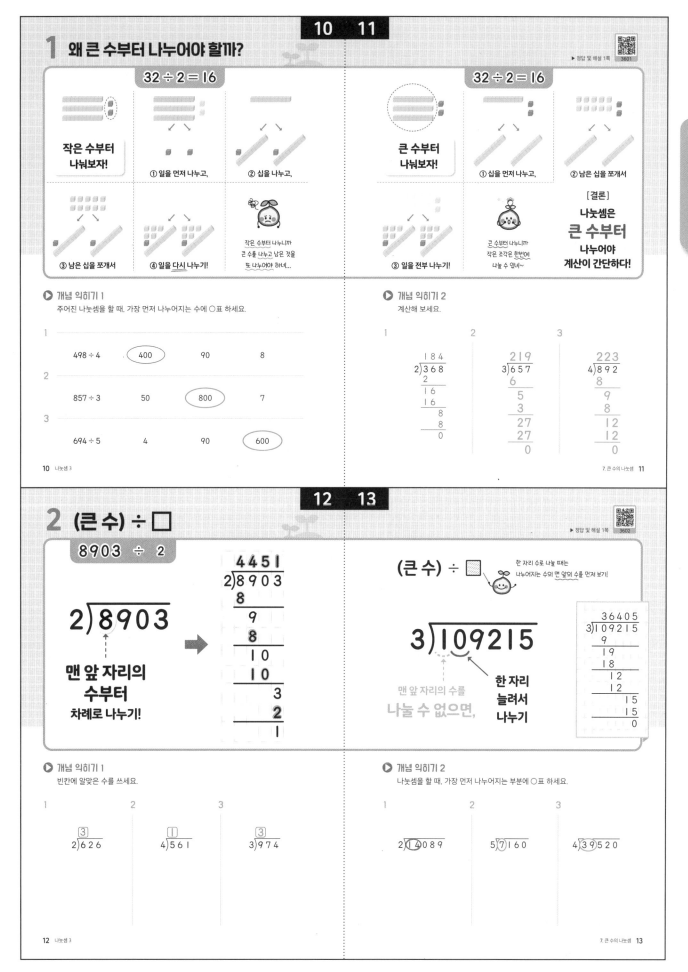

14 15

개념 다지기 1

나눗셈의 몫이 몇 자리 수인지 알맞은 말에 ○표 하세요.

※몫을 쓰는 자리에 V표 해서 알아봅니다.

1
$$3)\overline{1\,2\,5\,8\,0}$$ (VVVV)
→ 몫이 (세, (네), 다섯) 자리 수

2
$$8)\overline{5\,0\,0\,0}$$ (VVV)
→ 몫이 ((세), 네, 다섯) 자리 수

3
$$4)\overline{6\,1\,0\,9}$$ (VVVV)
→ 몫이 (세, (네), 다섯) 자리 수

4
$$2)\overline{3\,5\,7\,0\,1}$$ (VVVVV)
→ 몫이 (세, 네, (다섯)) 자리 수

5
$$9)\overline{7\,2\,8\,3}$$ (VVV)
→ 몫이 ((세), 네, 다섯) 자리 수

6
$$5)\overline{4\,8\,9\,0\,0}$$ (VVVV)
→ 몫이 (세, (네), 다섯) 자리 수

개념 다지기 2

계산해 보세요.

▶ 정답 및 해설 2쪽

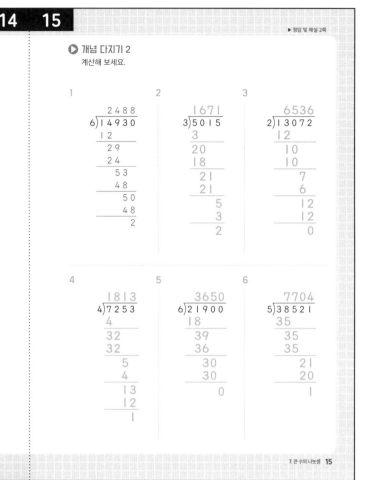

1
```
      2488
6)14930
  12
   29
   24
    53
    48
     50
     48
      2
```

2
```
     1671
3)5015
  3
  20
  18
   21
   21
    5
    3
    2
```

3
```
     6536
2)13072
  12
   10
   10
    7
    6
    12
    12
     0
```

4
```
     1813
4)7253
  4
  32
  32
   5
   4
   13
   12
    1
```

5
```
     3650
6)21900
  18
  39
  36
   30
   30
    0
```

6
```
     7704
5)38521
  35
  35
  35
   21
   20
    1
```

16

개념 마무리 1

빈칸에 알맞은 수를 쓰세요.

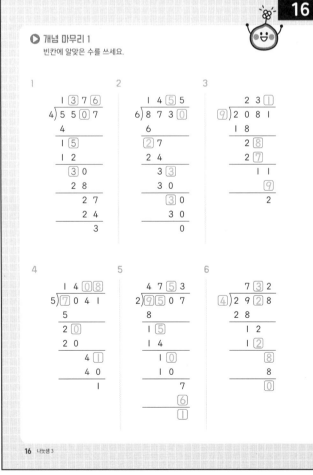

1
```
    1 3 7 6
4)5 5 0 7
  4
  1 5
  1 2
    3 0
    2 8
      2 7
      2 4
        3
```

2
```
    1 4 5 5
6)8 7 3 0
  6
  2 7
  2 4
    3 3
    3 0
      3 0
      3 0
        0
```

3
```
      2 3 1
9)2 0 8 1
  1 8
    2 8
    2 7
      1 1
        9
        2
```

4
```
    1 4 0 8
5)7 0 4 1
  5
  2 0
  2 0
    4 1
    4 0
      1
```

5
```
    4 7 5 3
2)9 5 0 7
  8
  1 5
  1 4
    1 0
    1 0
      7
      6
      1
```

6
```
      7 3 2
4)2 9 2 8
  2 8
    1 2
    1 2
      8
      8
      0
```

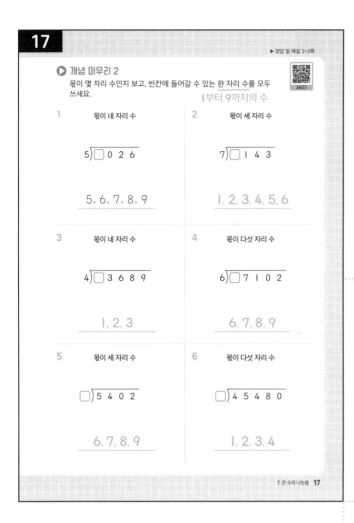

1 몫이 네 자리 수이므로
몫이 들어갈 자리를 V표 하면

여기에 5가 들어갈 수 있으므로
☐는 5보다 크거나 같은 수

➡ 5, 6, 7, 8, 9

2 몫이 세 자리 수이므로
몫이 들어갈 자리를 V표 하면

여기에 7이 못 들어가므로
☐는 7보다 작은 수

➡ 1, 2, 3, 4, 5, 6

3 몫이 네 자리 수이므로
몫이 들어갈 자리를 V표 하면

여기에 4가 못 들어가므로
☐는 4보다 작은 수

➡ 1, 2, 3

4 몫이 다섯 자리 수이므로
몫이 들어갈 자리를 V표 하면

여기에 6이 들어갈 수 있으므로
☐는 6보다 크거나 같은 수

➡ 6, 7, 8, 9

5 몫이 세 자리 수이므로
몫이 들어갈 자리를 V표 하면

여기에 ☐가 못 들어가므로
☐는 5보다 큰 수

➡ 6, 7, 8, 9

6 몫이 다섯 자리 수이므로
몫이 들어갈 자리를 V표 하면

여기에 ☐가 들어갈 수 있으므로
☐는 4보다 작거나 같은 수

➡ 1, 2, 3, 4

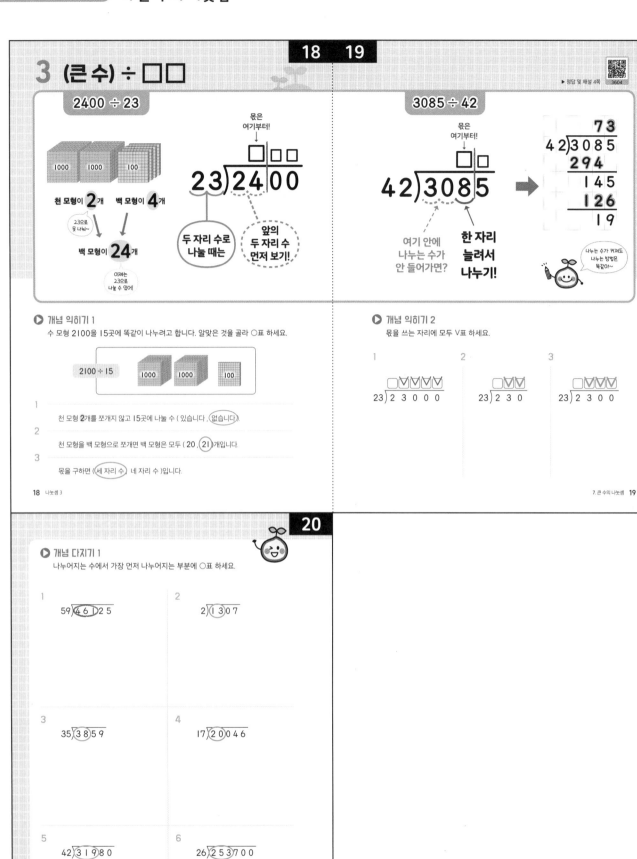

3 (큰 수) ÷ □□

2400 ÷ 23

천 모형이 **2** 개 백 모형이 **4** 개

23으로 못 나눠~

백 모형이 **24** 개

이제는 23으로 나눌 수 있어!

몫은 여기부터!

23) 24 00

두 자리 수로 나눌 때는

앞의 두 자리 수 먼저 보기!

3085 ÷ 42

몫은 여기부터!

42) 3085

여기 안에 나누는 수가 안 들어가면?

한 자리 늘려서 나누기!

```
        7 3
42 ) 3 0 8 5
     2 9 4
     1 4 5
     1 2 6
       1 9
```

나누는 수가 커져도 나누는 방법은 똑같아~

개념 익히기 1

수 모형 2100을 15곳에 똑같이 나누려고 합니다. 알맞은 것을 골라 ○표 하세요.

2100 ÷ 15

1 천 모형 **2** 개를 쪼개지 않고 15곳에 나눌 수 (있습니다 , (없습니다)).

2 천 모형을 백 모형으로 쪼개면 백 모형은 모두 (20 , (21))개입니다.

3 몫을 구하면 ((세 자리 수) , 네 자리 수)입니다.

개념 익히기 2

몫을 쓰는 자리에 모두 V표 하세요.

1
```
   □VVVV
23) 2 3 0 0 0
```

2
```
   □VV
23) 2 3 0
```

3
```
   □VVV
23) 2 3 0 0
```

개념 다지기 1

나누어지는 수에서 가장 먼저 나누어지는 부분에 ○표 하세요.

1 59) (46) 1 2 5

2 2) (1 3) 0 7

3 35) (3 8) 5 9

4 17) (2 0) 0 4 6

5 42) (3 1 9) 8 0

6 26) (2 5 3) 7 0 0

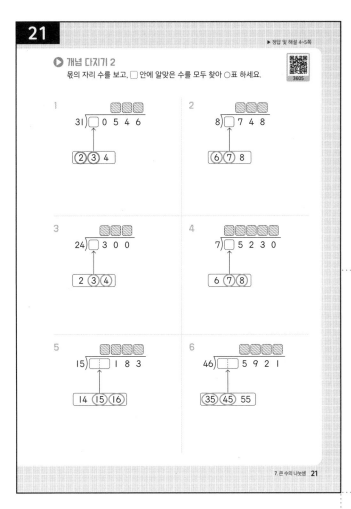

※ 몫을 쓰기 시작한 자리를 보고, 가장 먼저 나누어지는 부분에 알맞은 수를 찾습니다.

1

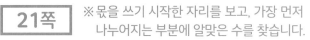

여기에 31이 못 들어가므로
☐0은 31보다 작은 수
→ ☐는 3보다 작거나 같은 수

➡ 주어진 2, 3, 4 중에서
☐ 안에 알맞은 수는 **2, 3**

2

여기에 8이 못 들어가므로
☐는 8보다 작은 수

➡ 주어진 6, 7, 8 중에서
☐ 안에 알맞은 수는 **6, 7**

3

여기에 24가 들어갈 수 있으므로
☐3은 24보다 크거나 같은 수
→ ☐는 2보다 큰 수

➡ 주어진 2, 3, 4 중에서
☐ 안에 알맞은 수는 **3, 4**

4

여기에 7이 들어갈 수 있으므로
☐는 7보다 크거나 같은 수

➡ 주어진 6, 7, 8 중에서
☐ 안에 알맞은 수는 **7, 8**

5

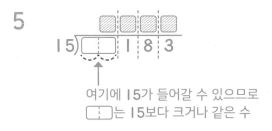

여기에 15가 들어갈 수 있으므로
☐☐는 15보다 크거나 같은 수

➡ 주어진 14, 15, 16 중에서
☐☐ 안에 알맞은 수는 **15, 16**

6

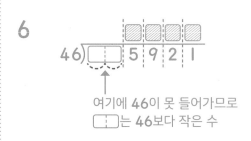

여기에 46이 못 들어가므로
☐☐는 46보다 작은 수

➡ 주어진 35, 45, 55 중에서
☐☐ 안에 알맞은 수는 **35, 45**

정답 및 해설

22쪽

※ 먼저 몫이 몇 자리 수인지 구하고,
자릿수가 같으면 몫의 맨 앞 자리 수부터
비교해 봅니다.

1

$$5\overline{)28790}$$ VVVV

$$31\overline{)643468}$$ VVVVV

→ 몫이 네 자리 수

→ 몫이 다섯 자리 수

➡ 28790÷5 < 643468÷31

2

$$17\overline{)17936}$$ VVVV

$$40\overline{)35210}$$ VVV

→ 몫이 네 자리 수

→ 몫이 세 자리 수

➡ 17936÷17 > 35210÷40

3

$$8\overline{)160000}$$ VVVVV

$$29\overline{)470000}$$ VVVVV

→ 몫이 다섯 자리 수

→ 몫이 다섯 자리 수

몫의 자릿수가 같으므로 몫의 맨 앞 자리 수를 구하면

$$8\overline{)160000}$$ 2VVVV

$$29\overline{)470000}$$ IVVVV

➡ 160000÷8 > 470000÷29

5

$$50\overline{)714900}$$ VVVVV

$$9\overline{)855320}$$ VVVVV

→ 몫이 다섯 자리 수

→ 몫이 다섯 자리 수

몫의 자릿수가 같으므로 몫의 맨 앞 자리 수를 구하면

$$50\overline{)714900}$$ IVVVV

$$9\overline{)855320}$$ 9VVVV

➡ 714900÷50 < 855320÷9

22

● 개념 마무리 1
몫의 크기를 비교하여 ○ 안에 >, <를 쓰세요.

1

28790 ÷ 5   <   643468 ÷ 31

2

17936 ÷ 17   >   35210 ÷ 40

3

160000 ÷ 8   >   470000 ÷ 29

4

26150 ÷ 34   <   40680 ÷ 39

5

714900 ÷ 50   <   855320 ÷ 9

6

291570 ÷ 27   >   386830 ÷ 42

22 나눗셈 3

4

$$34\overline{)26150}$$ VVV

$$39\overline{)40680}$$ VVVV

→ 몫이 세 자리 수

→ 몫이 네 자리 수

➡ 26150÷34 < 40680÷39

6

$$27\overline{)291570}$$ VVVVV

$$42\overline{)386830}$$ VVVV

→ 몫이 다섯 자리 수

→ 몫이 네 자리 수

➡ 291570÷27 > 386830÷42

▶ 정답 및 해설 6~7쪽

▶ 개념 마무리 2

나눗셈의 몫이 큰 것부터 순서대로 글자를 찾아 쓰세요.

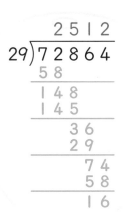

```
        2 5 1 2
   29) 7 2 8 6 4
        5 8
        1 4 8
        1 4 5
            3 6
            2 9
                7 4
                5 8
                1 6
```

맛

$3852 \div 35$
$= 110 \cdots 2$

```
         1 1 0
   35) 3 8 5 2
        3 5
            3 5
            3 5
                2
```

떡

```
      3 9 3
  13) 5 1 0 9
      3 9
      1 2 0
      1 1 7
          3 9
          3 9
            0
```

$5109 \div 13$
$= 393$

쌀

```
         1 9 2 6
   45) 8 6 7 1 2
        4 5
        4 1 7
        4 0 5
            1 2 1
              9 0
              3 1 2
              2 7 0
                4 2
```

는

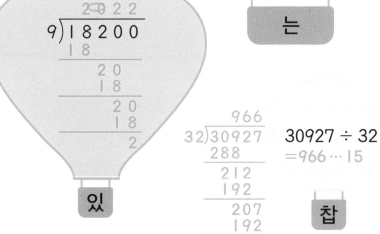

```
        2 0 2 2
   9) 1 8 2 0 0
       1 8
          2 0
          1 8
            2 0
            1 8
              2
```

있

```
        9 6 6
  32) 3 0 9 2 7
       2 8 8
         2 1 2
         1 9 2
           2 0 7
           1 9 2
             1 5
```

$30927 \div 32$
$= 966 \cdots 15$

참

맛있는 찹쌀떡

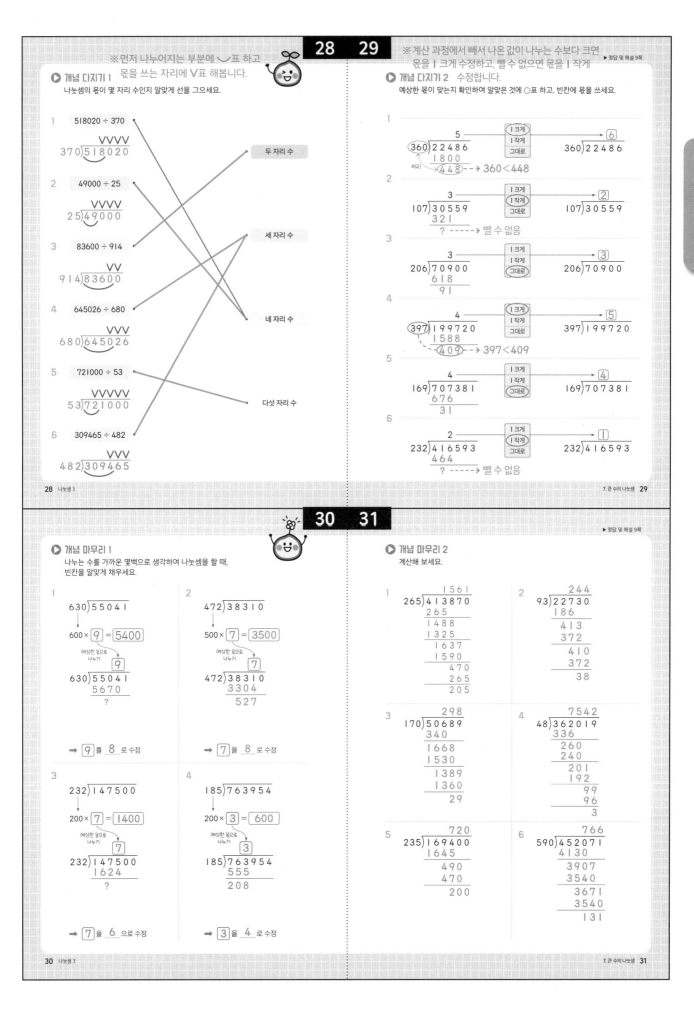

※먼저 나누어지는 부분에 ⌣표 하고 몫을 쓰는 자리에 V표 해봅니다.

▶ 개념 다지기 1
나눗셈의 몫이 몇 자리 수인지 알맞게 선을 그으세요.

1　518020 ÷ 370
370)518020

2　49000 ÷ 25
25)49000

3　83600 ÷ 914
914)83600

4　645026 ÷ 680
680)645026

5　721000 ÷ 53
53)721000

6　309465 ÷ 482
482)309465

두 자리 수
세 자리 수
네 자리 수
다섯 자리 수

28　나눗셈 3

※계산 과정에서 빼서 나온 값이 나누는 수보다 크면 몫을 1 크게 수정하고, 뺄 수 없으면 몫을 1 작게
▶ 정답 및 해설 9쪽

▶ 개념 다지기 2　수정합니다.
예상한 몫이 맞는지 확인하여 알맞은 것에 ○표 하고, 빈칸에 몫을 쓰세요.

1
5 → [1 크게 / 1 작게 / 그대로] → 6
360)22486
1800
비교! (448) --→ 360<448
360)22486

2
3 → [1 크게 / 1 작게 / 그대로] → 2
107)30559
321
? -----→ 뺄 수 없음
107)30559

3
3 → [1 크게 / 1 작게 / 그대로] → 3
206)70900
618
91
206)70900

4
4 → [1 크게 / 1 작게 / 그대로] → 5
397)199720
1588
(409) --→ 397<409
397)199720

5
4 → [1 크게 / 1 작게 / 그대로] → 4
169)707381
676
31
169)707381

6
2 → [1 크게 / 1 작게 / 그대로] → 1
232)416593
464
? -----→ 뺄 수 없음
232)416593

7. 큰 수의 나눗셈　29

▶ 정답 및 해설 9쪽

▶ 개념 마무리 1
나누는 수를 가까운 몇백으로 생각하여 나눗셈을 할 때, 빈칸을 알맞게 채우세요.

1
630)55041
600 × 9 = 5400
예상한 몫으로 나누기 9
630)55041
5670
?
→ 9 를 8 로 수정

2
472)38310
500 × 7 = 3500
예상한 몫으로 나누기 7
472)38310
3304
527
→ 7 을 8 로 수정

3
232)147500
200 × 7 = 1400
예상한 몫으로 나누기 7
232)147500
1624
?
→ 7 을 6 으로 수정

4
185)763954
200 × 3 = 600
예상한 몫으로 나누기 3
185)763954
555
208
→ 3 을 4 로 수정

30　나눗셈 3

▶ 개념 마무리 2
계산해 보세요.

1
　　　1561
265)413870
265
1488
1325
1637
1590
470
265
205

2
　　244
93)22730
186
413
372
410
372
38

3
　　298
170)50689
340
1668
1530
1389
1360
29

4
　　7542
48)362019
336
260
240
201
192
99
96
3

5
　　720
235)169400
1645
490
470
200

6
　　766
590)452071
4130
3907
3540
3671
3540
131

7. 큰 수의 나눗셈　31

정답 및 해설

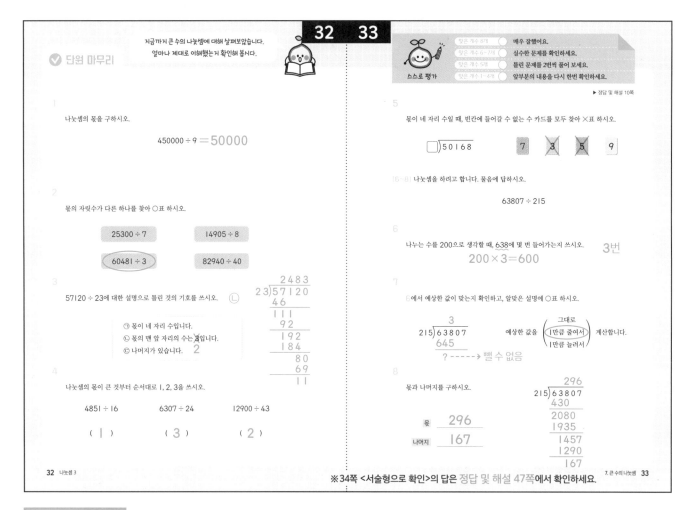

※34쪽 <서술형으로 확인>의 답은 정답 및 해설 47쪽에서 확인하세요.

32~33쪽

2 세로셈으로 나타내어 몫을 쓰는 자리에 **V**표 합니다.

4

```
      303              262                 300
16)4851          24)6307            43)12900
   48               48                 129
   ─────            ─────              ─────
    51              150                   0
    48              144
   ─────            ─────
     3               67
                     48
                    ─────
                     19
```

5 몫이 네 자리 수이므로 몫을 쓰는 자리에 **V**표 하면

```
    V V V V
□)50168
```

여기에 □가 못 들어가므로
□는 5보다 큰 수

➡ 주어진 수 카드 중에서
　□ 안에 들어갈 수 없는 수 카드는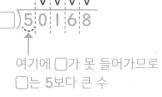

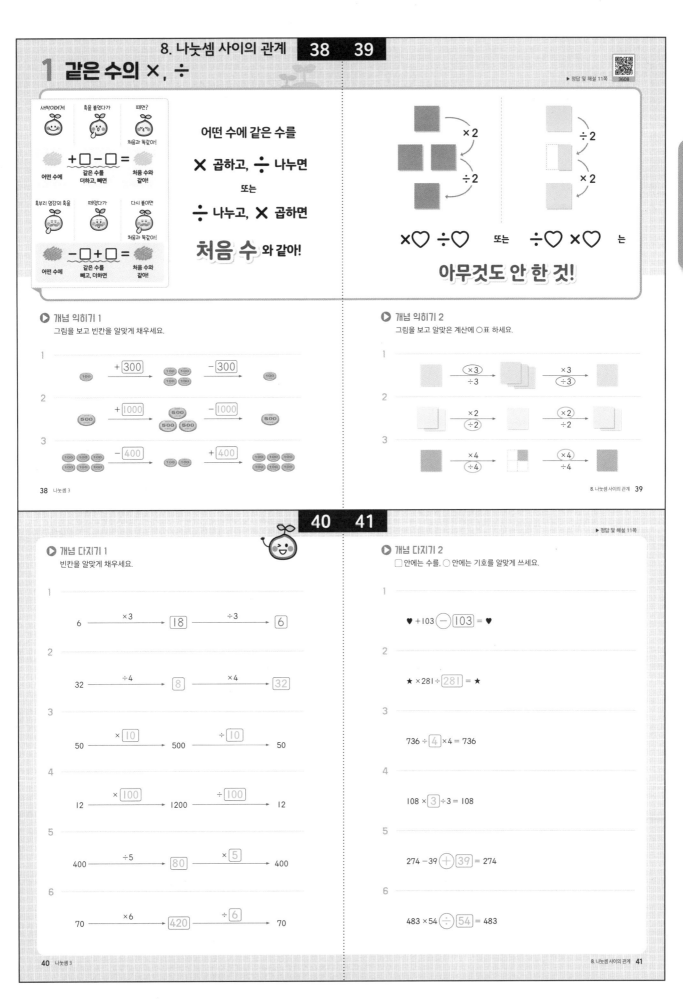

1 같은 수의 ×, ÷

▶ 정답 및 해설 11쪽

새싹이에게　흙을 붙였다가　때면?

처음과 똑같아!

어떤 수에 ＋□－□ ＝ 같은 수를 더하고, 빼면　처음 수와 같아!

혹부리 영감의 혹을　떼었다가　다시 붙이면

처음과 똑같아!

어떤 수에 －□＋□ ＝ 같은 수를 빼고, 더하면　처음 수와 같아!

어떤 수에 같은 수를

× 곱하고, **÷** 나누면

또는

÷ 나누고, **×** 곱하면

처음 수 와 같아!

×♡ ÷♡　　또는　　÷♡ ×♡ 는

아무것도 안 한 것!

▶ 개념 익히기 1

그림을 보고 빈칸을 알맞게 채우세요.

1
100 ――＋300―→ 100 100 100 ――－300―→ 100

2
500 ――＋1000―→ 500 500 500 ――－1000―→ 500

3
100 100 100 100 100 100 ――－400―→ 100 100 ――＋400―→ 100 100 100 100 100 100

▶ 개념 익히기 2

그림을 보고 알맞은 계산에 ○표 하세요.

1
×3 / ÷3　　×3 / ÷3

2
×2 / ÷2　　×2 / ÷2

3
×4 / ÷4　　×4 / ÷4

▶ 정답 및 해설 11쪽

▶ 개념 다지기 1

빈칸을 알맞게 채우세요.

1
6 ――×3―→ 18 ――÷3―→ 6

2
32 ――÷4―→ 8 ――×4―→ 32

3
50 ――×10―→ 500 ――÷10―→ 50

4
12 ――×100―→ 1200 ――÷100―→ 12

5
400 ――÷5―→ 80 ――×5―→ 400

6
70 ――×6―→ 420 ――÷6―→ 70

▶ 개념 다지기 2

□ 안에는 수를, ○ 안에는 기호를 알맞게 쓰세요.

1
♥ ＋103 ⊖ 103 ＝ ♥

2
★ ×281 ÷ 281 ＝ ★

3
736 ÷ 4 ×4 ＝ 736

4
108 × 3 ÷3 ＝ 108

5
274 －39 ⊕ 39 ＝ 274

6
483 ×54 ÷ 54 ＝ 483

정답 및 해설

42 43

※ ─♥+♥ 또는 +♥─♥, ×♥÷♥
또는 ÷♥×♥는 아무것도 안 한 것

▶ 정답 및 해설 12쪽

개념 마무리 1 과 같습니다.
식에서 계산하지 않아도 되는 부분을 찾아 /표 하세요.

1
172805+180933─180933

2
320874÷56792×56792

3
17+207÷3×3

4
5004─638×5÷5─5

5
819÷7×7─119+4200÷4

6
25×4+6120÷30×30─30

42 나눗셈 3

개념 마무리 2
출발할 때의 수가 도착했을 때의 수와 같아지도록 길을 찾아 선으로 나타내세요.

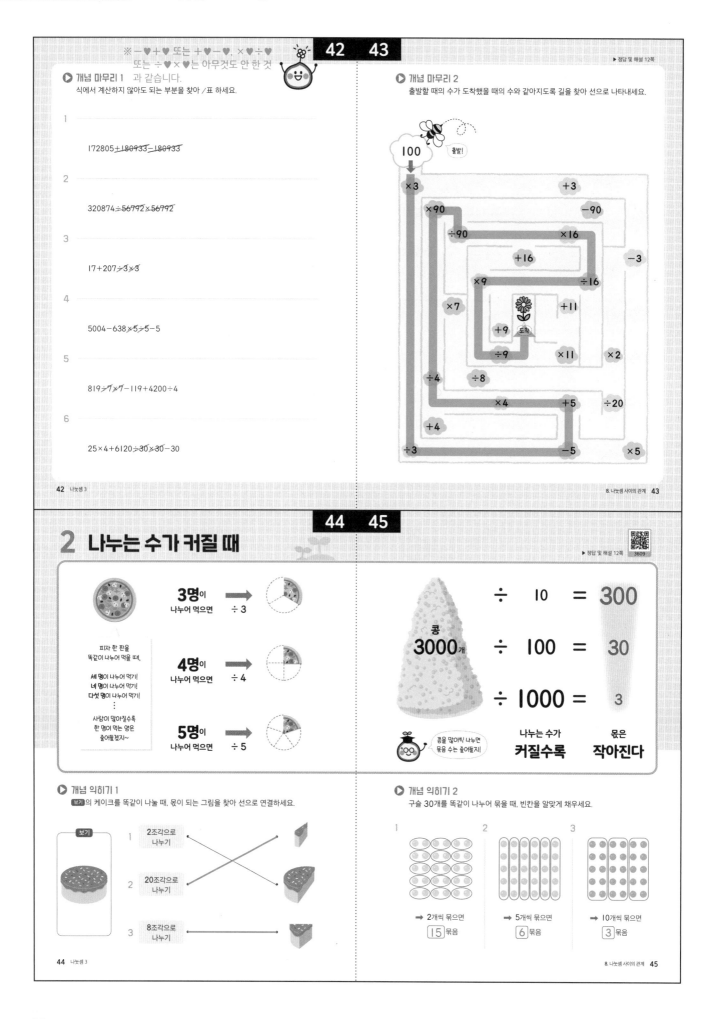

8. 나눗셈 사이의 관계 43

44 45

2 나누는 수가 커질 때

▶ 정답 및 해설 12쪽

3609

피자 한 판을
똑같이 나누어 먹을 때,

3명이
나누어 먹으면 ÷3

4명이
나누어 먹으면 ÷4

세 명이 나누어 먹기
네 명이 나누어 먹기!
다섯 명이 나누어 먹기!
⋮
사람이 많아질수록
한 명이 먹는 양은
줄어들겠지~

5명이
나누어 먹으면 ÷5

콩
3000개

÷ 10 = **300**

÷ 100 = **30**

÷ 1000 = **3**

콩을 많아씩 나누면
묶음 수는 줄어들지!

나누는 수가
커질수록

묶음
작아진다

개념 익히기 1
보기 의 케이크를 똑같이 나눌 때, 묶이 되는 그림을 찾아 선으로 연결하세요.

보기

1 2조각으로
나누기

2 20조각으로
나누기

3 8조각으로
나누기

개념 익히기 2
구슬 30개를 똑같이 나누어 묶을 때, 빈칸을 알맞게 채우세요.

1 → 2개씩 묶으면 15 묶음

2 → 5개씩 묶으면 6 묶음

3 → 10개씩 묶으면 3 묶음

44 나눗셈 3

8. 나눗셈 사이의 관계 45

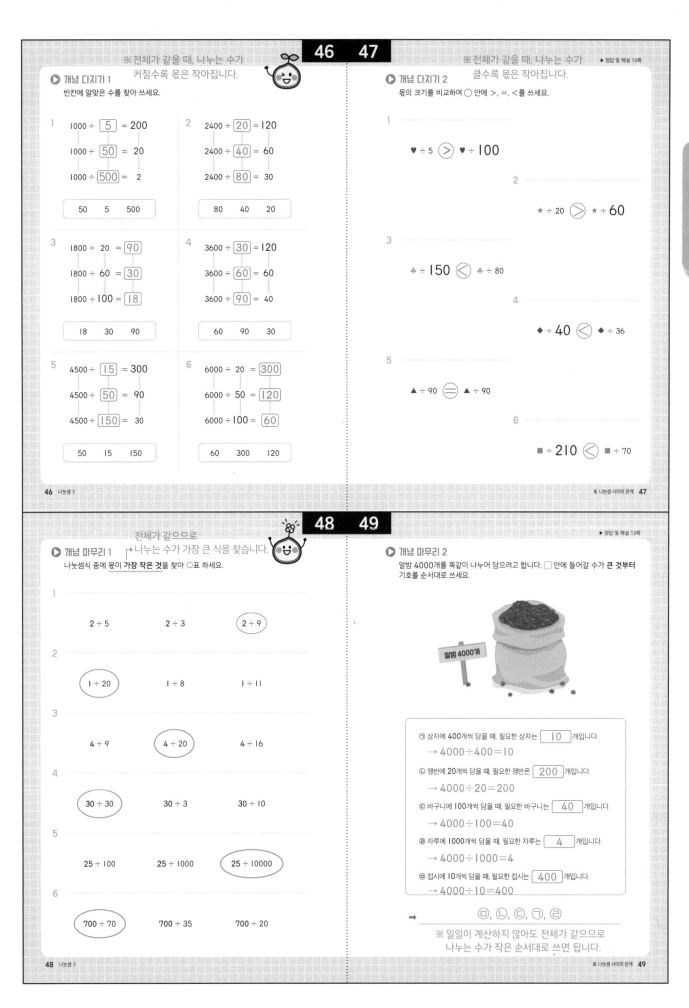

※전체가 같을 때, 나누는 수가
커질수록 몫은 작아집니다.

개념 다지기 1

빈칸에 알맞은 수를 찾아 쓰세요.

1
$1000 ÷ \boxed{5} = 200$
$1000 ÷ \boxed{50} = 20$
$1000 ÷ \boxed{500} = 2$

| 50 | 5 | 500 |

2
$2400 ÷ \boxed{20} = 120$
$2400 ÷ \boxed{40} = 60$
$2400 ÷ \boxed{80} = 30$

| 80 | 40 | 20 |

3
$1800 ÷ 20 = \boxed{90}$
$1800 ÷ 60 = \boxed{30}$
$1800 ÷ 100 = \boxed{18}$

| 18 | 30 | 90 |

4
$3600 ÷ \boxed{30} = 120$
$3600 ÷ \boxed{60} = 60$
$3600 ÷ \boxed{90} = 40$

| 60 | 90 | 30 |

5
$4500 ÷ \boxed{15} = 300$
$4500 ÷ \boxed{50} = 90$
$4500 ÷ \boxed{150} = 30$

| 50 | 15 | 150 |

6
$6000 ÷ 20 = \boxed{300}$
$6000 ÷ 50 = \boxed{120}$
$6000 ÷ 100 = \boxed{60}$

| 60 | 300 | 120 |

※전체가 같을 때, 나누는 수가
클수록 몫은 작아집니다.

▶ 정답 및 해설 13쪽

개념 다지기 2

몫의 크기를 비교하여 ○ 안에 >, =, <를 쓰세요.

1
$♥ ÷ 5 \ ⟩ \ ♥ ÷ 100$

2
$★ ÷ 20 \ ⟩ \ ★ ÷ 60$

3
$♣ ÷ 150 \ ⟨ \ ♣ ÷ 80$

4
$♦ ÷ 40 \ ⟨ \ ♦ ÷ 36$

5
$▲ ÷ 90 \ = \ ▲ ÷ 90$

6
$■ ÷ 210 \ ⟨ \ ■ ÷ 70$

전체가 같으므로
나누는 수가 가장 큰 식을 찾습니다.

개념 마무리 1

나눗셈식 중에 몫이 **가장 작은 것**을 찾아 ○표 하세요.

1
$2 ÷ 5$ $2 ÷ 3$ $(2 ÷ 9)$

2
$(1 ÷ 20)$ $1 ÷ 8$ $1 ÷ 11$

3
$4 ÷ 9$ $(4 ÷ 20)$ $4 ÷ 16$

4
$(30 ÷ 30)$ $30 ÷ 3$ $30 ÷ 10$

5
$25 ÷ 100$ $25 ÷ 1000$ $(25 ÷ 10000)$

6
$(700 ÷ 70)$ $700 ÷ 35$ $700 ÷ 20$

▶ 정답 및 해설 13쪽

개념 마무리 2

알밤 4000개를 똑같이 나누어 담으려고 합니다. ☐ 안에 들어갈 수가 **큰 것**부터 기호를 순서대로 쓰세요.

알밤 4000개

㉠ 상자에 400개씩 담을 때, 필요한 상자는 $\boxed{10}$ 개입니다.
→ $4000 ÷ 400 = 10$

㉡ 쟁반에 20개씩 담을 때, 필요한 쟁반은 $\boxed{200}$ 개입니다.
→ $4000 ÷ 20 = 200$

㉢ 바구니에 100개씩 담을 때, 필요한 바구니는 $\boxed{40}$ 개입니다.
→ $4000 ÷ 100 = 40$

㉣ 자루에 1000개씩 담을 때, 필요한 자루는 $\boxed{4}$ 개입니다.
→ $4000 ÷ 1000 = 4$

㉤ 접시에 10개씩 담을 때, 필요한 접시는 $\boxed{400}$ 개입니다.
→ $4000 ÷ 10 = 400$

→ ㉤, ㉡, ㉢, ㉠, ㉣

※ 일일이 계산하지 않아도 전체가 같으므로
나누는 수가 작은 순서대로 쓰면 됩니다.

정답 및 해설

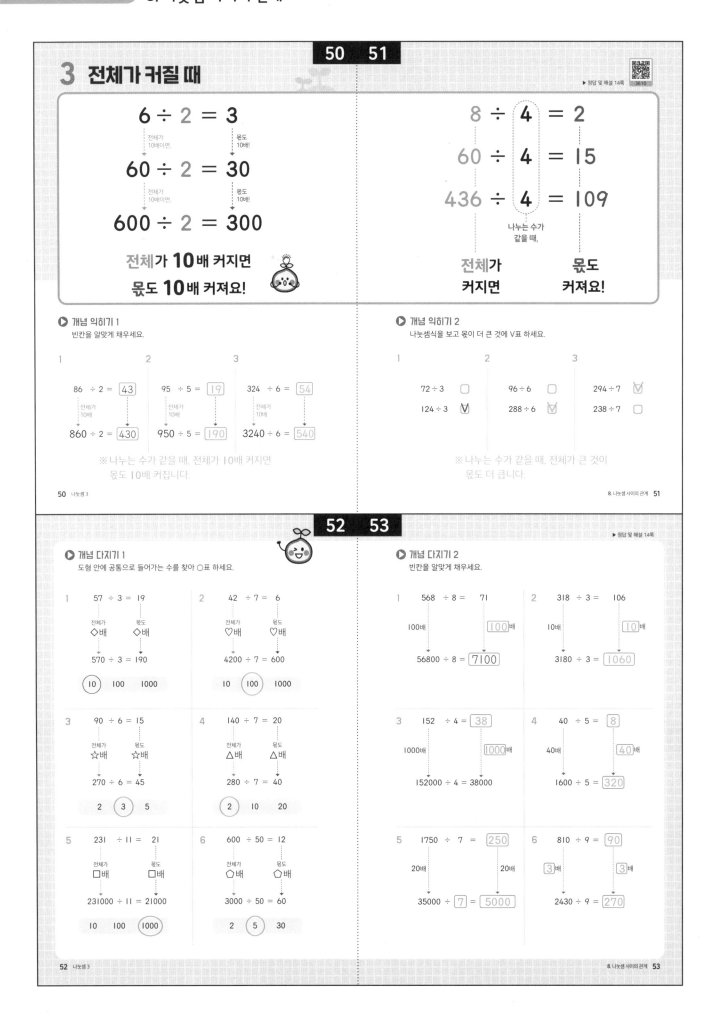

50　51

3 전체가 커질 때

▶ 정답 및 해설 14쪽

$$6 \div 2 = 3$$
전체가 10배이면,　몫도 10배!
$$60 \div 2 = 30$$
전체가 10배이면,　몫도 10배!
$$600 \div 2 = 300$$

전체가 10배 커지면 몫도 10배 커져요!

$$8 \div 4 = 2$$
$$60 \div 4 = 15$$
$$436 \div 4 = 109$$
나누는 수가 같을 때,

전체가 커지면　몫도 커져요!

▶ **개념 익히기 1**
빈칸을 알맞게 채우세요.

1
$$86 \div 2 = 43$$
전체가 10배
$$860 \div 2 = 430$$

2
$$95 \div 5 = 19$$
전체가 10배
$$950 \div 5 = 190$$

3
$$324 \div 6 = 54$$
전체가 10배
$$3240 \div 6 = 540$$

※ 나누는 수가 같을 때, 전체가 10배 커지면 몫도 10배 커집니다.

▶ **개념 익히기 2**
나눗셈식을 보고 몫이 더 큰 것에 V표 하세요.

1
$72 \div 3$ ☐
$124 \div 3$ ☑

2
$96 \div 6$ ☐
$288 \div 6$ ☑

3
$294 \div 7$ ☑
$238 \div 7$ ☐

※ 나누는 수가 같을 때, 전체가 큰 것이 몫도 더 큽니다.

52　53

▶ 정답 및 해설 14쪽

▶ **개념 다지기 1**
도형 안에 공통으로 들어가는 수를 찾아 ○표 하세요.

1
$$57 \div 3 = 19$$
전체가 ◇배　몫도 ◇배
$$570 \div 3 = 190$$
(10)　100　1000

2
$$42 \div 7 = 6$$
전체가 ♡배　몫도 ♡배
$$4200 \div 7 = 600$$
10　(100)　1000

3
$$90 \div 6 = 15$$
전체가 ☆배　몫도 ☆배
$$270 \div 6 = 45$$
2　(3)　5

4
$$140 \div 7 = 20$$
전체가 △배　몫도 △배
$$280 \div 7 = 40$$
(2)　10　20

5
$$231 \div 11 = 21$$
전체가 □배　몫도 □배
$$231000 \div 11 = 21000$$
10　100　(1000)

6
$$600 \div 50 = 12$$
전체가 ⬠배　몫도 ⬠배
$$3000 \div 50 = 60$$
2　(5)　30

▶ **개념 다지기 2**
빈칸을 알맞게 채우세요.

1
$$568 \div 8 = 71$$
100배　[100]배
$$56800 \div 8 = 7100$$

2
$$318 \div 3 = 106$$
10배　[10]배
$$3180 \div 3 = 1060$$

3
$$152 \div 4 = 38$$
1000배　[1000]배
$$152000 \div 4 = 38000$$

4
$$40 \div 5 = 8$$
40배　[40]배
$$1600 \div 5 = 320$$

5
$$1750 \div 7 = 250$$
20배　20배
$$35000 \div 7 = 5000$$

6
$$810 \div 9 = 90$$
[3]배　[3]배
$$2430 \div 9 = 270$$

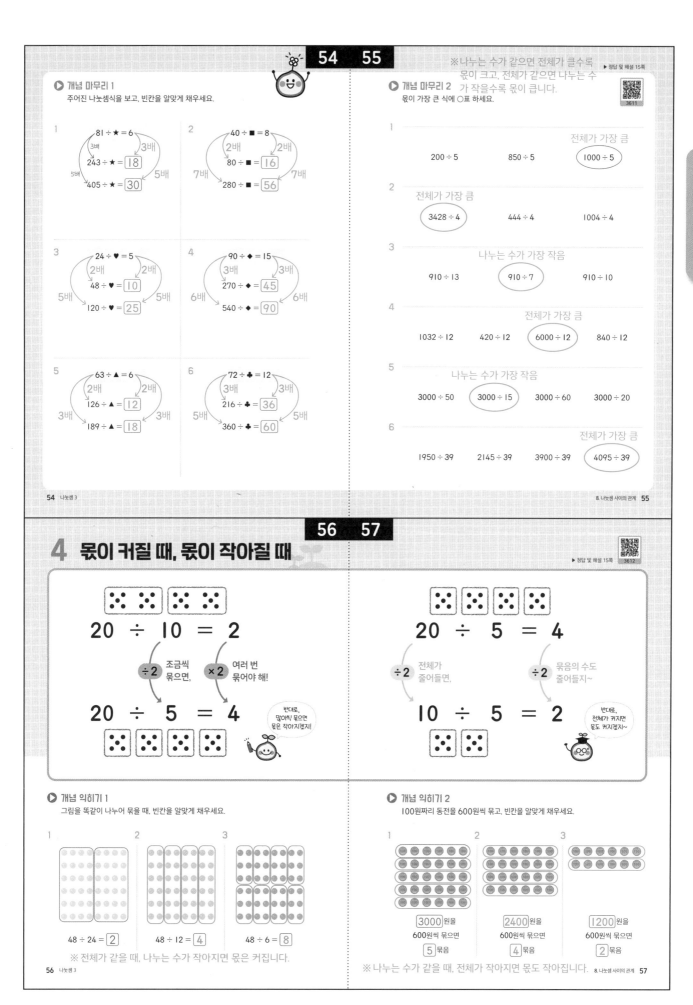

▶ 정답 및 해설 15쪽

개념 마무리 1
주어진 나눗셈식을 보고, 빈칸을 알맞게 채우세요.

1
81 ÷ ★ = 6
3배 ↗ ↘ 3배
243 ÷ ★ = 18
5배 ↗ ↘ 5배
405 ÷ ★ = 30

2
40 ÷ ■ = 8
2배 ↗ ↘ 2배
80 ÷ ■ = 16
7배 ↗ ↘ 7배
280 ÷ ■ = 56

3
24 ÷ ♥ = 5
2배 ↗ ↘ 2배
48 ÷ ♥ = 10
5배 ↗ ↘ 5배
120 ÷ ♥ = 25

4
90 ÷ ◆ = 15
3배 ↗ ↘ 3배
270 ÷ ◆ = 45
6배 ↗ ↘ 6배
540 ÷ ◆ = 90

5
63 ÷ ▲ = 6
2배 ↗ ↘ 2배
126 ÷ ▲ = 12
3배 ↗ ↘ 3배
189 ÷ ▲ = 18

6
72 ÷ ♣ = 12
3배 ↗ ↘ 3배
216 ÷ ♣ = 36
5배 ↗ ↘ 5배
360 ÷ ♣ = 60

※ 나누는 수가 같으면 전체가 클수록 몫이 크고, 전체가 같으면 나누는 수가 작을수록 몫이 큽니다.

개념 마무리 2
몫이 가장 큰 식에 ○표 하세요.

1
전체가 가장 큼
200 ÷ 5   850 ÷ 5   ⬭1000 ÷ 5

2
전체가 가장 큼
⬭3428 ÷ 4   444 ÷ 4   1004 ÷ 4

3
나누는 수가 가장 작음
910 ÷ 13   ⬭910 ÷ 7   910 ÷ 10

4
전체가 가장 큼
1032 ÷ 12   420 ÷ 12   ⬭6000 ÷ 12   840 ÷ 12

5
나누는 수가 가장 작음
3000 ÷ 50   ⬭3000 ÷ 15   3000 ÷ 60   3000 ÷ 20

6
전체가 가장 큼
1950 ÷ 39   2145 ÷ 39   3900 ÷ 39   ⬭4095 ÷ 39

4 몫이 커질 때, 몫이 작아질 때

▶ 정답 및 해설 15쪽

20 ÷ 10 = 2
÷2 조금씩 묶으면,   ×2 여러 번 묶어야 해!
20 ÷ 5 = 4
반대로, 많이씩 묶으면 묶은 작아지겠지!

20 ÷ 5 = 4
÷2 전체가 줄어들면,   ÷2 묶음의 수도 줄어들지~
10 ÷ 5 = 2
반대로, 전체가 커지면 묶음도 커지겠지~

개념 익히기 1
그림을 똑같이 나누어 묶을 때, 빈칸을 알맞게 채우세요.

1   48 ÷ 24 = 2

2   48 ÷ 12 = 4

3   48 ÷ 6 = 8

※ 전체가 같을 때, 나누는 수가 작아지면 묶은 커집니다.

개념 익히기 2
100원짜리 동전을 600원씩 묶고, 빈칸을 알맞게 채우세요.

1   3000원을 600원씩 묶으면 5묶음

2   2400원을 600원씩 묶으면 4묶음

3   1200원을 600원씩 묶으면 2묶음

※ 나누는 수가 같을 때, 전체가 작아지면 몫도 작아집니다.

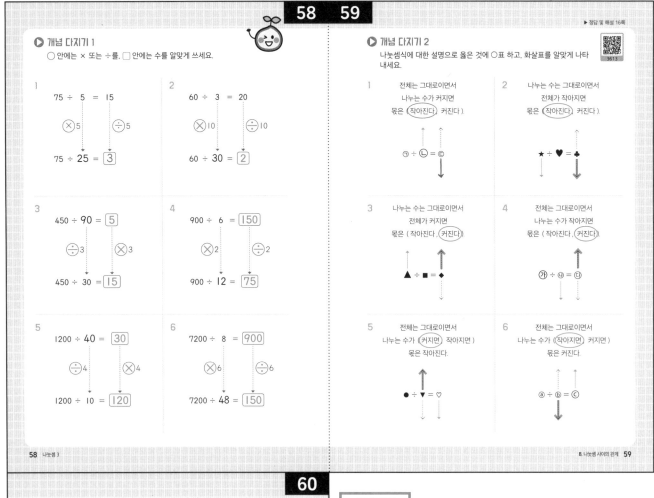

▶ 정답 및 해설 16쪽

개념 다지기 1
○ 안에는 × 또는 ÷를, □ 안에는 수를 알맞게 쓰세요.

1
$75 \div 5 = 15$
$\times 5$　$\div 5$
$75 \div 25 = \boxed{3}$

2
$60 \div 3 = 20$
$\times 10$　$\div 10$
$60 \div 30 = \boxed{2}$

3
$450 \div 90 = \boxed{5}$
$\div 3$　$\times 3$
$450 \div 30 = \boxed{15}$

4
$900 \div 6 = \boxed{150}$
$\times 2$　$\div 2$
$900 \div 12 = \boxed{75}$

5
$1200 \div 40 = \boxed{30}$
$\div 4$　$\times 4$
$1200 \div 10 = \boxed{120}$

6
$7200 \div 8 = \boxed{900}$
$\times 6$　$\div 6$
$7200 \div 48 = \boxed{150}$

개념 다지기 2
나눗셈식에 대한 설명으로 옳은 것에 ○표 하고, 화살표를 알맞게 나타내세요.

1
전체는 그대로이면서
나누는 수가 커지면
몫은 (작아진다), 커진다).
$㉠ \div ㉡ = ㉢$

2
나누는 수는 그대로이면서
전체가 작아지면
몫은 (작아진다), 커진다).
$★ \div ♥ = ♣$

3
나누는 수는 그대로이면서
전체가 커지면
몫은 (작아진다, 커진다).
$▲ \div ■ = ◆$

4
전체는 그대로이면서
나누는 수가 작아지면
몫은 (작아진다, 커진다).
$㉮ \div ㉯ = ㉰$

5
전체는 그대로이면서
나누는 수가 (커지면), 작아지면)
몫은 작아진다.
$● \div ▼ = ♡$

6
전체는 그대로이면서
나누는 수가 (작아지면), 커지면)
몫은 커진다.
$ⓐ \div ⓑ = ⓒ$

개념 마무리 1
주어진 조건에 알맞게 3개의 식을 →로 연결하세요.

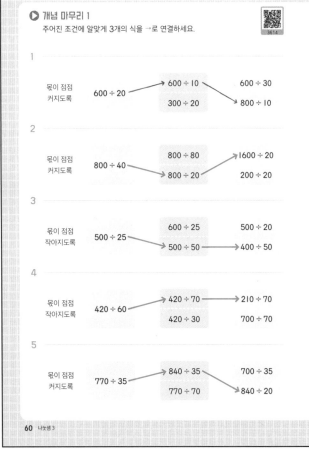

1
몫이 점점
커지도록
$600 \div 20$ → $600 \div 10$ → $800 \div 10$
$600 \div 30$
$300 \div 20$

2
몫이 점점
커지도록
$800 \div 40$ → $800 \div 20$ → $1600 \div 20$
$800 \div 80$
$200 \div 20$

3
몫이 점점
작아지도록
$500 \div 25$ → $500 \div 50$ → $400 \div 50$
$600 \div 25$
$500 \div 20$

4
몫이 점점
작아지도록
$420 \div 60$ → $420 \div 70$ → $210 \div 70$
$420 \div 30$
$700 \div 70$

5
몫이 점점
커지도록
$770 \div 35$ → $840 \div 35$ → $840 \div 20$
$770 \div 70$
$700 \div 35$

60쪽

1　**몫이 커질 때:** 나누는 수가 작아지거나 전체가 커져야 함

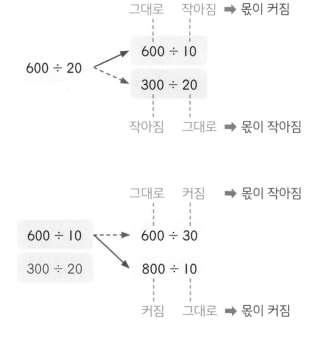

그대로　작아짐 ➡ 몫이 커짐
$600 \div 20$ → $600 \div 10$
$600 \div 20$ ⇢ $300 \div 20$
작아짐　그대로 ➡ 몫이 작아짐

그대로　커짐 ➡ 몫이 작아짐
$600 \div 10$ ⇢ $600 \div 30$
$300 \div 20$　$800 \div 10$
커짐　그대로 ➡ 몫이 커짐

2 **몫이 커질 때**: 나누는 수가 작아지거나 전체가 커져야 함

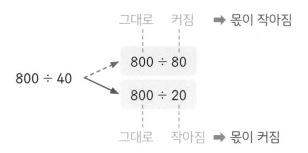

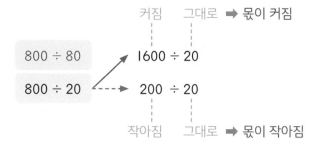

3 **몫이 작아질 때**: 나누는 수가 커지거나 전체가 작아져야 함

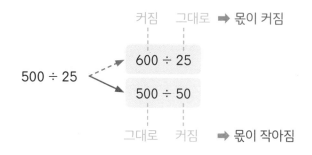

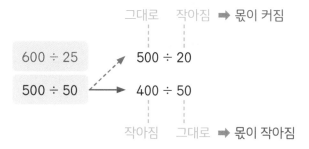

4 **몫이 작아질 때**: 나누는 수가 커지거나 전체가 작아져야 함

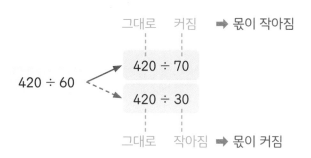

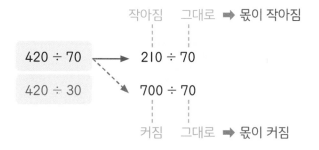

5 **몫이 커질 때**: 나누는 수가 작아지거나 전체가 커져야 함

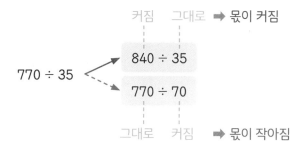

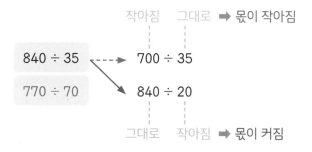

정답 및 해설

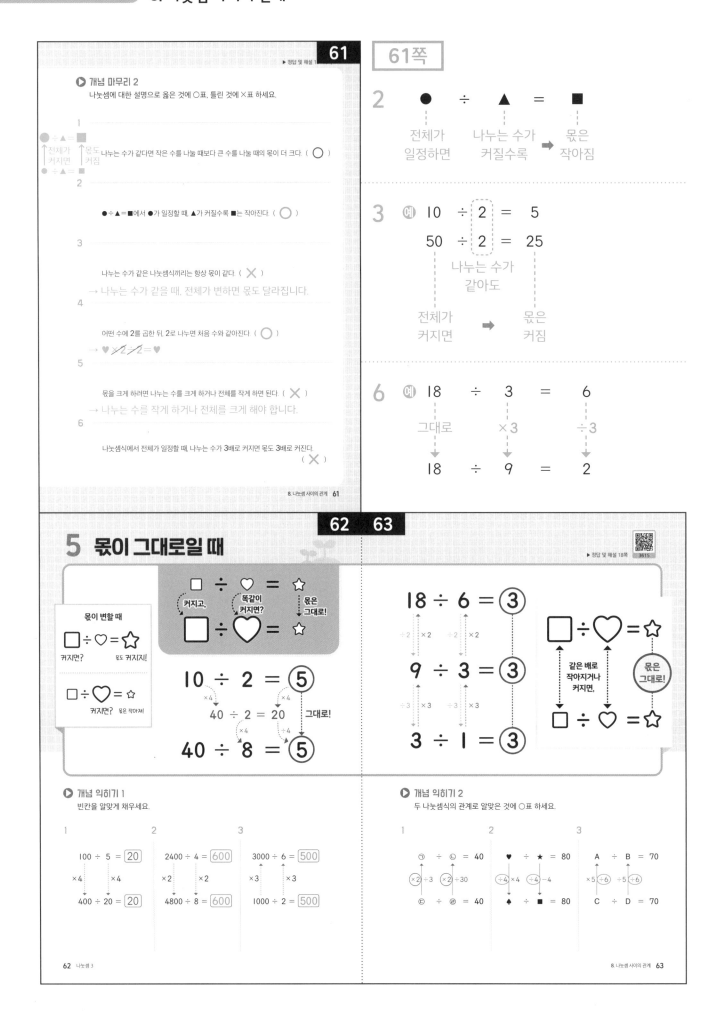

개념 마무리 2

나눗셈에 대한 설명으로 옳은 것에 ○표, 틀린 것에 ×표 하세요.

●÷▲=■
↑ 전체가   ↑ 몫도
  커지면   커짐
●÷▲=■

1 나누는 수가 같다면 작은 수를 나눌 때보다 큰 수를 나눌 때의 몫이 더 크다. (○)

2 ●÷▲=■에서 ●가 일정할 때, ▲가 커질수록 ■는 작아진다. (○)

3 나누는 수가 같은 나눗셈식끼리는 항상 몫이 같다. (×)
→ 나누는 수가 같을 때, 전체가 변하면 몫도 달라집니다.

4 어떤 수에 2를 곱한 뒤, 2로 나누면 처음 수와 같아진다. (○)
→ ♥ ×2 ÷2 = ♥

5 몫을 크게 하려면 나누는 수를 크게 하거나 전체를 작게 하면 된다. (×)
→ 나누는 수를 작게 하거나 전체를 크게 해야 합니다.

6 나눗셈식에서 전체가 일정할 때, 나누는 수가 3배로 커지면 몫도 3배로 커진다.
(×)

8. 나눗셈 사이의 관계 61

2
● ÷ ▲ = ■
전체가   나누는 수가   몫은
일정하면   커질수록   작아짐

3 예 10 ÷ 2 = 5
       50 ÷ 2 = 25
       나누는 수가
       같아도
  전체가   몫은
  커지면   →   커짐

6 예 18 ÷ 3 = 6
       그대로   ×3   ÷3
       18 ÷ 9 = 2

---

62 63

5 몫이 그대로일 때

▶ 정답 및 해설 18쪽

몫이 변할 때

□ ÷ ♡ = ☆
커지면?   몫도 커지지!

□ ÷ ♡ = ☆
커지면?   몫은 작아져!

□ ÷ ♡ = ☆
커지고,   똑같이 커지면?   몫은 그대로!
□ ÷ ♡ = ☆

10 ÷ 2 = ⑤
  ×4   ×4
40 ÷ 2 = 20   그대로!
  ×4   ×4
40 ÷ 8 = ⑤

18 ÷ 6 = ③
÷2 ×2 ÷2 ×2
9 ÷ 3 = ③
÷3 ×3 ÷3 ×3
3 ÷ 1 = ③

□ ÷ ♡ = ☆
같은 배로
작아지거나
커지면,
□ ÷ ♡ = ☆
몫은
그대로!

개념 익히기 1
빈칸을 알맞게 채우세요.

1
100 ÷ 5 = 20
×4   ×4
400 ÷ 20 = 20

2
2400 ÷ 4 = 600
×2   ×2
4800 ÷ 8 = 600

3
3000 ÷ 6 = 500
×3   ×3
1000 ÷ 2 = 500

개념 익히기 2
두 나눗셈식의 관계로 알맞은 것에 ○표 하세요.

1
㉠ ÷ ㉡ = 40
×2 ÷3 ×2 ÷30
㉢ ÷ ㉣ = 40

2
♥ ÷ ★ = 80
÷4 ×4 ÷4 −4
♠ ÷ ■ = 80

3
A ÷ B = 70
×5 ÷6 ÷5 ÷6
C ÷ D = 70

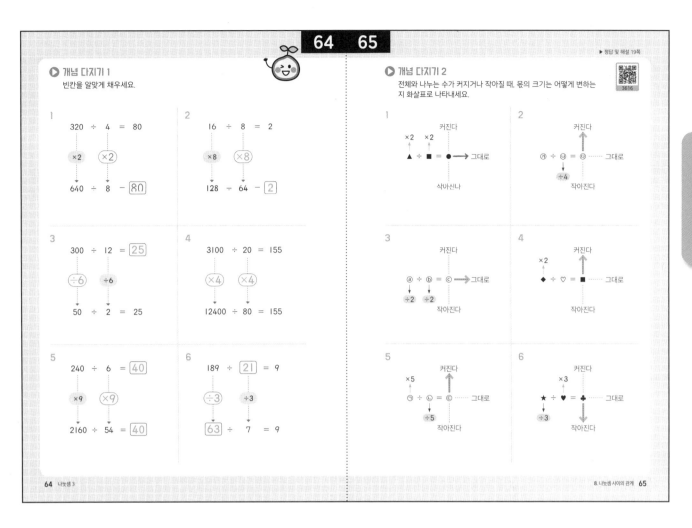

▶ 정답 및 해설 19쪽

▶ 개념 다지기 1
빈칸을 알맞게 채우세요.

1
320 ÷ 4 = 80
（×2）　（×2）
640 ÷ 8 = ☐80

2
16 ÷ 8 = 2
（×8）　（×8）
128 ÷ 64 = ☐2

3
300 ÷ 12 = ☐25
（÷6）　（÷6）
50 ÷ 2 = 25

4
3100 ÷ 20 = 155
（×4）　（×4）
12400 ÷ 80 = 155

5
240 ÷ 6 = ☐40
（×9）　（×9）
2160 ÷ 54 = ☐40

6
189 ÷ ☐21 = 9
（÷3）　（÷3）
☐63 ÷ 7 = 9

▶ 개념 다지기 2
전체와 나누는 수가 커지거나 작아질 때, 몫의 크기는 어떻게 변하는지 화살표로 나타내세요.

3616

1
커진다
×2　×2
▲ ÷ ■ = ● ⟶ 그대로
삭아신나

2
커진다
㉮ ÷ ㉯ = ㉰ ⟶ 그대로
÷4
작아진다

3
커진다
ⓐ ÷ ⓑ = ⓒ ⟶ 그대로
÷2　÷2
작아진다

4
커진다
×2
◆ ÷ ♡ = ■ ⟶ 그대로
작아진다

5
커진다
×5
㉠ ÷ ㉡ = ㉢ ⟶ 그대로
÷5
작아진다

6
커진다
×3
★ ÷ ♥ = ♣ ⟶ 그대로
÷3
작아진다

65쪽

1
×2　×2
▲ ÷ ■ = ●
커지고,　똑같이 ➡ 몫은
　　　커지면　　그대로!

2
㉮ ÷ ㉯ = ㉰
　　　÷4
　작아지면 ➡ 몫은
　　　　　커짐

3
ⓐ ÷ ⓑ = ⓒ
÷2　÷2
작아지고,　똑같이 ➡ 몫은
　　　작아지면　그대로!

4
×2
◆ ÷ ♡ = ■
커지면 ➡ 몫은
　　　　커짐

5
×5
㉠ ÷ ㉡ = ㉢
　　　÷5
전체가　나누는 수가 ➡ 몫이
커지고,　작아지면　　커짐

6
×3
★ ÷ ♥ = ♣
　÷3
전체가　나누는 수가 ➡ 몫이
작아지고,　작아지면　　작아짐

정답 및 해설 **19**

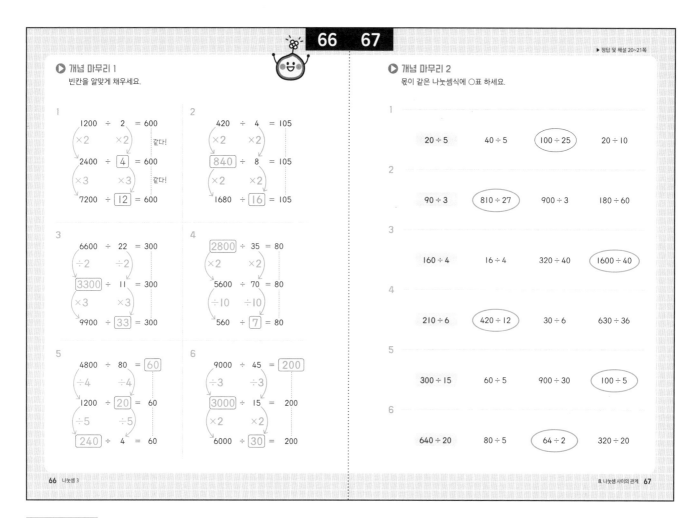

▶ 정답 및 해설 20~21쪽

67쪽

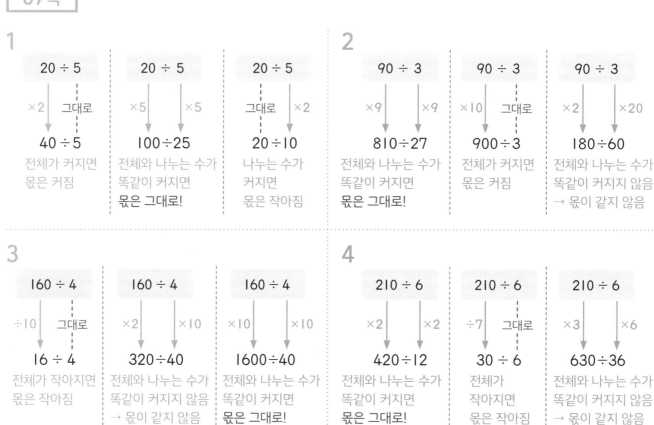

5

300 ÷ 15	300 ÷ 15	300 ÷ 15
÷5　　÷3	×3　　×2	÷3　　÷3
60 ÷ 5	900 ÷ 30	100 ÷ 5

전체와 나누는 수가
똑같이 작아지지 않음
→ 몫이 같지 않음

전체와 나누는 수가
똑같이 커지지 않음
→ 몫이 같지 않음

전체와 나누는 수가
똑같이 작아지면
몫은 그대로!

6

640 ÷ 20	640 ÷ 20	640 ÷ 20
÷8　　÷4	÷10　　÷10	÷2　　그대로
80 ÷ 5	64 ÷ 2	320 ÷ 20

전체와 나누는 수가
똑같이 작아지지 않음
→ 몫이 같지 않음

전체와 나누는 수가
똑같이 작아지면
몫은 그대로!

전체가 작아지면
몫은 작아짐

68　69

6 0이 많이 있는 나눗셈

▶ 정답 및 해설 21쪽
3617

20000 ÷ 200 = ?
÷100　　　÷100
200 ÷ 2 = 100

같은 배로 작아지면 몫은 그대로니까~
? = 100

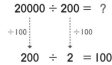00000 ÷ 00
= 1000
똑같은 개수만큼 지우고 나누기!

80000 ÷ 1000 = ?
÷1000　　　÷1000
80 ÷ 1 = 80

같은 배로 작아지면 몫은 그대로니까~
? = 80

♡00000 ÷ 1000
= ♡00
똑같은 개수만큼 지우고 나누기!

★ 0이 많이 있는 나눗셈을 할 때는~

$720000 ÷ 900 = ?$
÷100　　÷100　　　그대로!
$7200 ÷ 9 = 800$

아~ 그러니까
? = 800
이구나!

➡ **0을 같은 개수만큼 지우고 나누기!**

▶ **개념 익히기 1**
나눗셈식에서 지울 수 있는 0에 /표 하고, 간단해진 나눗셈식을 아래에 쓰세요.

1	2	3
30000 ÷ 300	40000 ÷ 4000	500000 ÷ 100
↓	↓	↓
300 ÷ 3	40 ÷ 4	5000 ÷ 1

▶ **개념 익히기 2**
주어진 나눗셈식과 몫이 같은 나눗셈식에 V표 하세요.

1	2	3
28000 ÷ 400	35000 ÷ 700	78000 ÷ 3000
→ 280 ÷ 4	→ 350 ÷ 7	→ 78 ÷ 3
28000 ÷ 4 ☐	350 ÷ 7 ☑	78 ÷ 30 ☐
280 ÷ 4 ☑	35 ÷ 7 ☐	78 ÷ 3 ☑

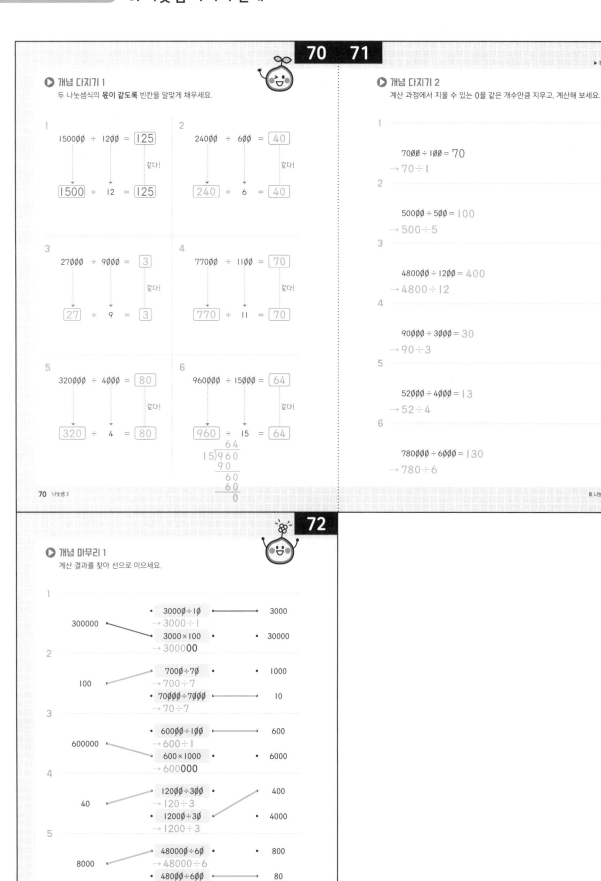

70　71

▶ 정답 및 해설 22쪽

개념 다지기 1
두 나눗셈식의 **몫이 같도록** 빈칸을 알맞게 채우세요.

1
150000 ÷ 1200 = 125
1500 ÷ 12 = 125
같다!

2
24000 ÷ 600 = 40
240 ÷ 6 = 40
같다!

3
27000 ÷ 9000 = 3
27 ÷ 9 = 3
같다!

4
77000 ÷ 1100 = 70
770 ÷ 11 = 70
같다!

5
320000 ÷ 4000 = 80
320 ÷ 4 = 80
같다!

6
960000 ÷ 15000 = 64
960 ÷ 15 = 64
같다!

```
      64
15)960
     90
     60
     60
      0
```

70　나눗셈 3

개념 다지기 2
계산 과정에서 지울 수 있는 0을 같은 개수만큼 지우고, 계산해 보세요.

1
7000 ÷ 100 = 70
→ 70 ÷ 1

2
50000 ÷ 500 = 100
→ 500 ÷ 5

3
480000 ÷ 1200 = 400
→ 4800 ÷ 12

4
90000 ÷ 3000 = 30
→ 90 ÷ 3

5
52000 ÷ 4000 = 13
→ 52 ÷ 4

6
780000 ÷ 6000 = 130
→ 780 ÷ 6

8. 나눗셈 사이의 관계　71

72

개념 마무리 1
계산 결과를 찾아 선으로 이으세요.

1
300000
30000 ÷ 10 → 3000 ÷ 1 ——— 3000
3000 × 100 → 30000 •　• 30000

2
100
7000 ÷ 70 → 700 ÷ 7 •　• 1000
70000 ÷ 7000 → 70 ÷ 7 ——— 10

3
600000
60000 ÷ 100 → 600 ÷ 1 ——— 600
600 × 1000 → 600000 •　• 6000

4
40
12000 ÷ 300 → 120 ÷ 3 •　• 400
12000 ÷ 30 → 1200 ÷ 3 •　• 4000

5
8000
48000 ÷ 60 → 48000 ÷ 6 •　• 800
48000 ÷ 600 → 480 ÷ 6 •　• 80

6
9000
9000 × 10 → 90000 •　• 90000
90000 ÷ 100 → 9000 ÷ 1 •　• 90

72　나눗셈 3

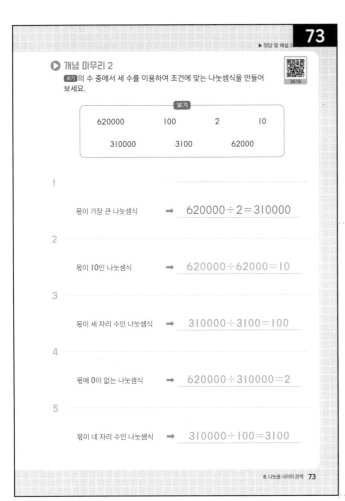

73

▶ 정답 및 해설 2

● 개념 마무리 2

보기의 수 중에서 세 수를 이용하여 조건에 맞는 나눗셈식을 만들어 보세요.

보기

| 620000 | 100 | 2 | 10 |
| 310000 | 3100 | 62000 | |

1

몫이 가장 큰 나눗셈식 ➡ 620000÷2=310000

2

몫이 10인 나눗셈식 ➡ 620000÷62000=10

3

몫이 세 자리 수인 나눗셈식 ➡ 310000÷3100=100

4

몫에 0이 없는 나눗셈식 ➡ 620000÷310000=2

5

몫이 네 자리 수인 나눗셈식 ➡ 310000÷100=3100

8. 나눗셈 사이의 관계 **73**

1 **몫이 가장 큰 나눗셈식**

➡ (가장 큰 수)÷(가장 작은 수)

620000÷2=310000

※ 보기에 몫 310000이 있으므로 만들 수 있음

2 **몫이 10인 나눗셈식**

➡ 몫이 10이 되려면

★0÷★
★00÷★0
★000÷★00
★0000÷★000
⋮

보기에서 조건에 맞는 수로 식을 만들면

620000÷62000=10

3 **몫이 세 자리 수인 나눗셈식**

➡ 보기에서 세 자리 수는 100뿐이므로 몫이 100이어야 함
몫이 100이 되려면

★00÷★
★000÷★0
★0000÷★00
⋮

보기에서 조건에 맞는 수로 식을 만들면

310000÷3100=100

4 **몫에 0이 없는 나눗셈식**

➡ 보기에서 0이 없는 수는 2뿐이므로 몫은 2

(전체)÷(나누는 수)=2

보기에서 서로 2배 차이인 수로 식을 만들면

620000÷310000=2

5 **몫이 네 자리 수인 나눗셈식**

➡ 보기에서 네 자리 수는 3100뿐이므로 몫은 3100

(전체)÷(나누는 수)=3100
3100보다 커야 함

→ 전체가 될 수 있는 수는
620000, 310000, 62000

620000÷ 200 =3100 → 200은 보기에 없음

310000÷ 100 =3100 → 100은 보기에 있음!

62000÷ 20 =3100 → 20은 보기에 없음

➡ 따라서 만들 수 있는 식은
310000÷100=3100

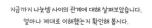 

74　75

지금까지 나눗셈 사이의 관계에 대해 살펴보았습니다.
얼마나 제대로 이해했는지 확인해 봅시다.

✔ 단원 마무리

▲와 ■에 알맞은 수의 합을 구하시오.

$481 \times 3 \div ▲ = 481$

$570 \div 5 \times ■ = 570$

▲ = 3
■ = 5
▲ + ■ = 8

몫이 큰 순서대로 괄호 안에 1, 2, 3을 쓰시오.

2500 ÷ 5	2500 ÷ 500	2500 ÷ 50
(1)	(3)	(2)

※ 전체가 같으면, 나누는 수가 작을수록 몫은 커집니다.

나눗셈의 나머지가 없고, 몫이 점점 작아지도록 수 카드를 골라 빈칸에 쓰시오.

96 ÷ 8 = ?
↓
64 ÷ 8 = ?
↓
24 ÷ 8 = ?

나눗셈식에서 계산하기 전에 지울 수 있는 0의 개수가 더 많은 사람의 이름을 쓰시오.

수아　800020 ÷ 400

하온　736000 ÷ 800

하온

74　나눗셈 3

맞은 개수 8개	매우 잘했어요.
맞은 개수 6~7개	실수한 문제를 확인하세요.
맞은 개수 5개	틀린 문제를 2번씩 풀어 보세요.
맞은 개수 1~4개	앞부분의 내용을 다시 한번 확인하세요.

스스로 평가

▶ 정답 및 해설 24쪽

자연수 ★을 나눌 때, 몫이 작은 것부터 순서대로 기호를 쓰시오. (　ⓒ, ②, ㉠, ⓛ　)

㉠ ★ ÷ 4	ⓛ ★ ÷ 2	ⓒ ★ ÷ 10	② ★ ÷ 8

※ 전체가 같으면, 나누는 수가 클수록 몫은 작아집니다.

140 ÷ 7과 몫이 같은 나눗셈식입니다. 빈칸에 들어갈 수 중에 가장 큰 수를 쓰시오.

1400 ÷ ?	280 ÷ ??	700 ÷ ???

70

몫이 더 큰 나눗셈식을 위의 칸에 쓸 때, 빈칸을 모두 채우시오.

	3000÷20		
3000÷50		3000÷20	
3000 ÷ 50	2000 ÷ 50	1000 ÷ 20	3000 ÷ 20

※ 나누는 수가 같으면 전체가 클수록 몫이 크고,
전체가 같으면 나누는 수가 작을수록 몫이 큽니다.

4655 ÷ 19 = 245일 때, 4655000 ÷ 190의 몫을 구하시오.

24500

※ 76쪽 <서술형으로 확인>의 답은 정답 및 해설 47쪽에서 확인하세요.

8. 나눗셈 사이의 관계　75

74~75쪽

3 나누는 수가 같을 때, 전체가 커질수록 몫이 커짐
수 카드의 수가 큰 것부터 빈칸에 쓰면

96 ÷ 8 = 12

64 ÷ 8 = 8

38 ÷ 8 = 4 … 6 → 나머지가 있으므로 안 됨

24 ÷ 8 = 3

20 ÷ 8 = 2 … 4 → 나머지가 있으므로 안 됨

4 전체와 나누는 수에 있는 0을 같은 개수만큼 지우고 나눕니다.

수아　800020 ÷ 400　→ 1개씩 지움 → 80002 ÷ 40

하온　736000 ÷ 800　→ 2개씩 지움 → 7360 ÷ 8

6 전체와 나누는 수가 똑같이 커지면 몫은 그대로!

$140 \div 7$
$\times 10$ ↓ $\times 10$
$1400 \div 70$

$140 \div 7$
$\times 2$ ↓ $\times 2$
$280 \div 14$

$140 \div 7$
$\times 5$ ↓ $\times 5$
$700 \div 35$

➡ 빈칸에 들어갈 수 중에서 가장 큰 수는 70

8 전체와 나누는 수가 똑같이 커지면 몫은 그대로,
전체만 커지면 몫도 똑같이 커짐

$4655 \div 19 = 245$
$\times 10$ ↓ $\times 10$ 몫은 그대로!
$46550 \div 190 = 245$
$\times 100$ 그대로 $\times 100$
$4655000 \div 190 = 24500$

1 나눗셈의 응용 (1)

▶ 정답 및 해설 25쪽

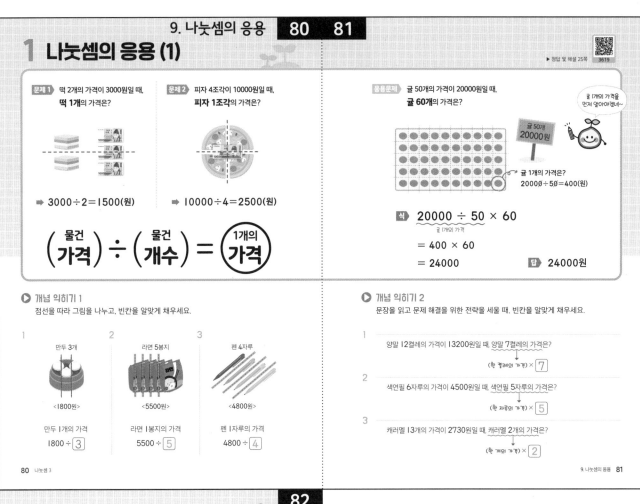

문제 1 떡 2개의 가격이 3000원일 때, **떡 1개의 가격은?**

➡ 3000÷2＝1500(원)

문제 2 피자 4조각이 10000원일 때, **피자 1조각의 가격은?**

➡ 10000÷4＝2500(원)

$$\left(\begin{array}{c}\text{물건}\\[-2pt]\text{가격}\end{array}\right) \div \left(\begin{array}{c}\text{물건}\\[-2pt]\text{개수}\end{array}\right) = \left(\begin{array}{c}\text{1개의}\\[-2pt]\text{가격}\end{array}\right)$$

응용문제 귤 50개의 가격이 20000원일 때, **귤 60개의 가격은?**

귤 1개의 가격을 먼저 알아야겠네~

귤 50개 20000원

귤 1개의 가격은? 20000÷50＝400(원)

식 　20000 ÷ 50 × 60
　　　$\underbrace{\qquad\qquad}_{\text{귤 1개의 가격}}$

　＝ 400 × 60

　＝ 24000　　답　24000원

▶ 개념 익히기 1

점선을 따라 그림을 나누고, 빈칸을 알맞게 채우세요.

1
만두 3개
<1800원>
만두 1개의 가격
1800 ÷ 3

2
라면 5봉지
<5500원>
라면 1봉지의 가격
5500 ÷ 5

3
펜 4자루
<4800원>
펜 1자루의 가격
4800 ÷ 4

▶ 개념 익히기 2

문장을 읽고 문제 해결을 위한 전략을 세울 때, 빈칸을 알맞게 채우세요.

1
양말 12켤레의 가격이 13200원일 때, 양말 7켤레의 가격은?
(한 켤레의 가격) × 7

2
색연필 6자루의 가격이 4500원일 때, 색연필 5자루의 가격은?
(한 자루의 가격) × 5

3
캐러멜 13개의 가격이 2730원일 때, 캐러멜 2개의 가격은?
(한 개의 가격) × 2

▶ 개념 다지기 1

빈칸을 알맞게 채우세요.

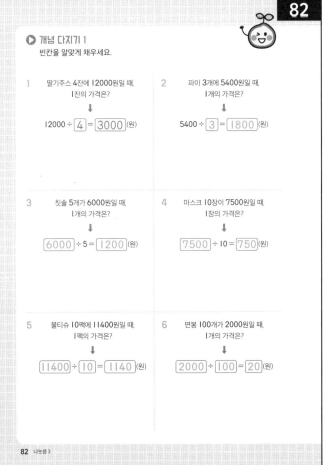

1
딸기주스 4잔에 12000원일 때, 1잔의 가격은?
↓
12000 ÷ 4 ＝ 3000 (원)

2
파이 3개에 5400원일 때, 1개의 가격은?
↓
5400 ÷ 3 ＝ 1800 (원)

3
칫솔 5개가 6000원일 때, 1개의 가격은?
↓
6000 ÷ 5 ＝ 1200 (원)

4
마스크 10장이 7500원일 때, 1장의 가격은?
↓
7500 ÷ 10 ＝ 750 (원)

5
물티슈 10팩에 11400원일 때, 1팩의 가격은?
↓
11400 ÷ 10 ＝ 1140 (원)

6
면봉 100개가 2000원일 때, 1개의 가격은?
↓
2000 ÷ 100 ＝ 20 (원)

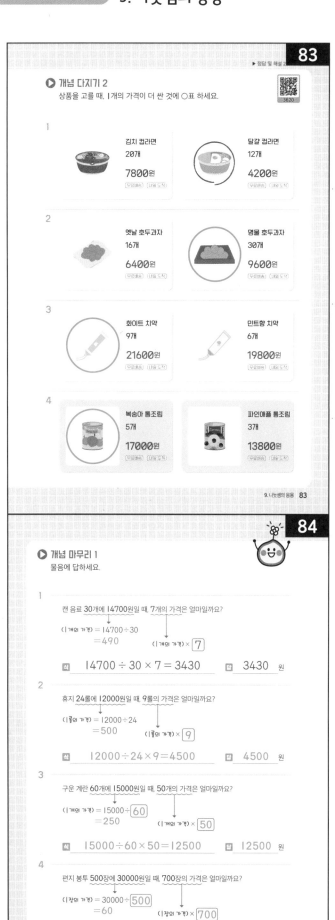

83쪽   ※ (물건 가격) ÷ (물건 개수) = (1개의 가격)

1 김치 컵라면 1개의 가격: 7800 ÷ 20 = 390(원)
   달걀 컵라면 1개의 가격: 4200 ÷ 12 = 350(원)

   ➡ **달걀 컵라면**이 더 쌉니다.

2 옛날 호두과자 1개의 가격: 6400 ÷ 16 = 400(원)
   명물 호두과자 1개의 가격: 9600 ÷ 30 = 320(원)

   ➡ **명물 호두과자**가 더 쌉니다.

3 화이트 치약 1개의 가격: 21600 ÷ 9 = 2400(원)
   민트향 치약 1개의 가격: 19800 ÷ 6 = 3300(원)

   ➡ **화이트 치약**이 더 쌉니다.

4 복숭아 통조림 1개의 가격: 17000 ÷ 5 = 3400(원)
   파인애플 통조림 1개의 가격: 13800 ÷ 3 = 4600(원)

   ➡ **복숭아 통조림**이 더 쌉니다.

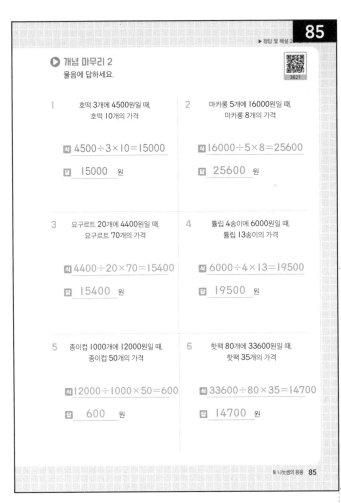

1 호떡 **3**개에 **4500**원일 때, 호떡 **10**개의 가격

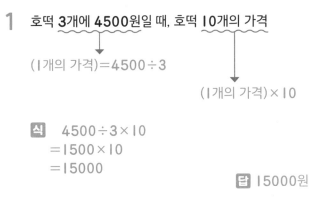

(1개의 가격)=4500÷3

(1개의 가격)×10

식 4500÷3×10
 =1500×10
 =15000

답 15000원

2 마카롱 **5**개에 **16000**원일 때, 마카롱 **8**개의 가격

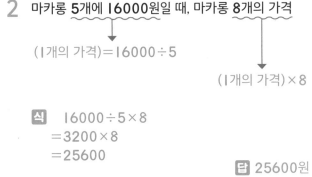

(1개의 가격)=16000÷5

(1개의 가격)×8

식 16000÷5×8
 =3200×8
 =25600

답 25600원

3 요구르트 **20**개에 **4400**원일 때, 요구르트 **70**개의 가격

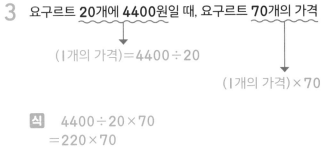

(1개의 가격)=4400÷20

(1개의 가격)×70

식 4400÷20×70
 =220×70
 =15400

답 15400원

4 튤립 **4**송이에 **6000**원일 때, 튤립 **13**송이의 가격

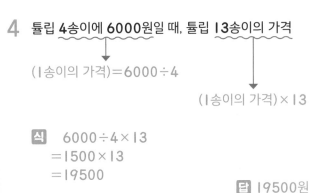

(1송이의 가격)=6000÷4

(1송이의 가격)×13

식 6000÷4×13
 =1500×13
 =19500

답 19500원

5 종이컵 **1000**개에 **12000**원일 때, 종이컵 **50**개의 가격

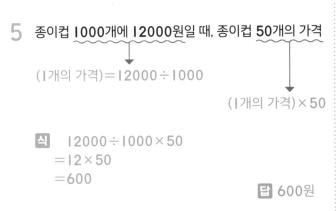

(1개의 가격)=12000÷1000

(1개의 가격)×50

식 12000÷1000×50
 =12×50
 =600

답 600원

6 핫팩 **80**개에 **33600**원일 때, 핫팩 **35**개의 가격

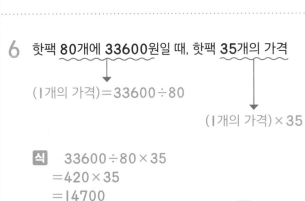

(1개의 가격)=33600÷80

(1개의 가격)×35

식 33600÷80×35
 =420×35
 =14700

답 14700원

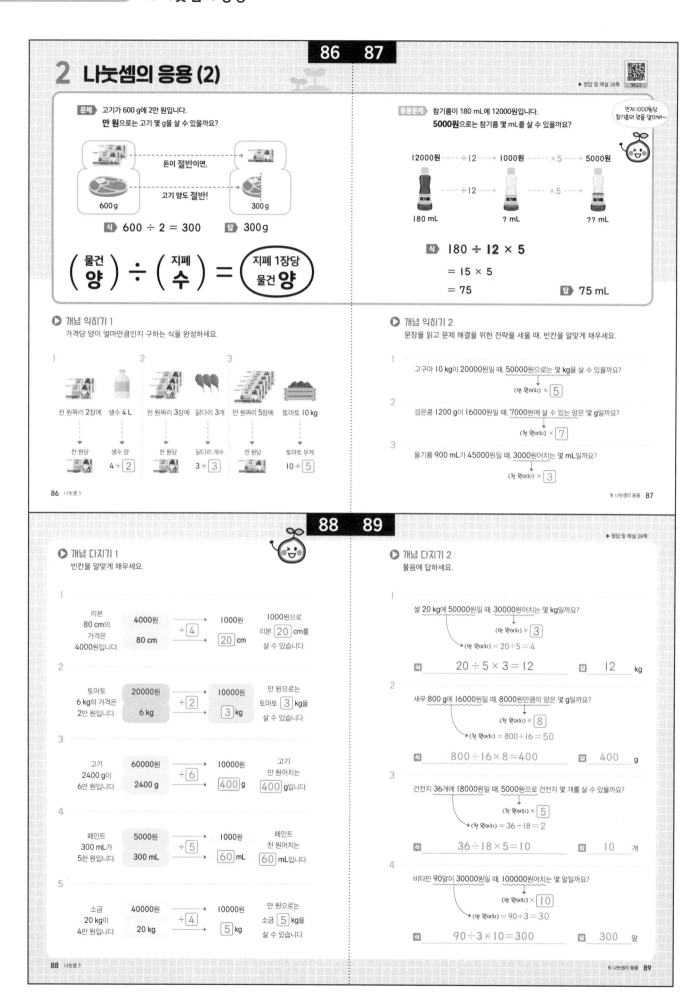

2 나눗셈의 응용 (2)

86 87

▶ 정답 및 해설 28쪽

문제 고기가 600 g에 2만 원입니다.
만 원으로는 고기 몇 g을 살 수 있을까요?

돈이 절반이면,
고기 양도 절반!

600 g → 300 g

식 600 ÷ 2 = 300　답 300 g

$$\left(\begin{array}{c}물건\\양\end{array}\right) ÷ \left(\begin{array}{c}지폐\\수\end{array}\right) = \left(\begin{array}{c}지폐 1장당\\물건 양\end{array}\right)$$

응용문제 참기름이 180 mL에 12000원입니다.
5000원으로는 참기름 몇 mL를 살 수 있을까요?

먼저 1000원당 참기름의 양을 알아봐~

12000원 ÷12 → 1000원 ×5 → 5000원
180 mL ÷12 → ? mL ×5 → ?? mL

식 180 ÷ 12 × 5
= 15 × 5
= 75　답 75 mL

▶ **개념 익히기 1**
가격당 양이 얼마만큼인지 구하는 식을 완성하세요.

1　천 원짜리 2장에　생수 4 L
천 원당　생수 양　4 ÷ [2]

2　천 원짜리 3장에　닭다리 3개
천 원당　닭다리 개수　3 ÷ [3]

3　만 원짜리 5장에　토마토 10 kg
만 원당　토마토 무게　10 ÷ [5]

▶ **개념 익히기 2**
문장을 읽고 문제 해결을 위한 전략을 세울 때, 빈칸을 알맞게 채우세요.

1　고구마 10 kg이 20000원일 때, 50000원으로는 몇 kg을 살 수 있을까요?
(만 원어치) × [5]

2　검은콩 1200 g이 16000원일 때, 7000원에 살 수 있는 양은 몇 g일까요?
(천 원어치) × [7]

3　들기름 900 mL가 45000원일 때, 3000원어치는 몇 mL일까요?
(천 원어치) × [3]

88 89

▶ 정답 및 해설 28쪽

▶ **개념 다지기 1**
빈칸을 알맞게 채우세요.

1　리본 80 cm의 가격은 4000원입니다.
4000원 / 80 cm ÷[4] → 1000원 [20] cm
1000원으로 리본 [20] cm를 살 수 있습니다.

2　토마토 6 kg의 가격은 2만 원입니다.
20000원 / 6 kg ÷[2] → 10000원 [3] kg
만 원으로는 토마토 [3] kg을 살 수 있습니다.

3　고기 2400 g이 6만 원입니다.
60000원 / 2400 g ÷[6] → 10000원 [400] g
고기 만 원어치는 [400] g입니다.

4　페인트 300 mL가 5천 원입니다.
5000원 / 300 mL ÷[5] → 1000원 [60] mL
페인트 천 원어치는 [60] mL입니다.

5　소금 20 kg이 4만 원입니다.
40000원 / 20 kg ÷[4] → 10000원 [5] kg
만 원으로는 소금 [5] kg을 살 수 있습니다.

▶ **개념 다지기 2**
물음에 답하세요.

1　쌀 20 kg에 50000원일 때, 30000원어치는 몇 kg일까요?
(만 원어치) × [3]
(만 원어치) = 20 ÷ 5 = 4
식 20 ÷ 5 × 3 = 12　답 12 kg

2　새우 800 g에 16000원일 때, 8000원만큼의 양은 몇 g일까요?
(천 원어치) × [8]
(천 원어치) = 800 ÷ 16 = 50
식 800 ÷ 16 × 8 = 400　답 400 g

3　건전지 36개에 18000원일 때, 5000원으로 건전지 몇 개를 살 수 있을까요?
(천 원어치) × [5]
(천 원어치) = 36 ÷ 18 = 2
식 36 ÷ 18 × 5 = 10　답 10 개

4　비타민 90알이 30000원일 때, 100000원어치는 몇 알일까요?
(만 원어치) × [10]
(만 원어치) = 90 ÷ 3 = 30
식 90 ÷ 3 × 10 = 300　답 300 알

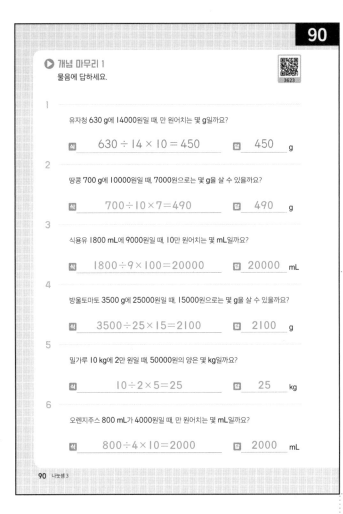

90쪽

1 유자청 630 g에 14000원일 때, 만 원어치는 몇 g?

천 원짜리 14장   천 원짜리 10장

식 $630 \div 14 \times 10$
$= 45 \times 10$
$= 450$

답 450 g

2 땅콩 700 g에 10000원일 때, 7000원으로는 몇 g?

천 원짜리 10장   천 원짜리 7장

식 $700 \div 10 \times 7$
$= 70 \times 7$
$= 490$

답 490 g

3 식용유 1800 mL에 9000원일 때, 10만 원어치는 몇 mL?

천 원짜리 9장   천 원짜리 100장

식 $1800 \div 9 \times 100$
$= 200 \times 100$
$= 20000$

답 20000 mL

4 방울토마토 3500 g에 25000원일 때, 15000원으로는 몇 g?

천 원짜리 25장   천 원짜리 15장

식 $3500 \div 25 \times 15$
$= 140 \times 15$
$= 2100$

답 2100 g

5 밀가루 10 kg에 2만 원일 때, 50000원의 양은 몇 kg?

만 원짜리 2장   만 원짜리 5장

식 $10 \div 2 \times 5$
$= 5 \times 5$
$= 25$

답 25 kg

6 오렌지주스 800 mL가 4000원일 때,
천 원짜리 4장 만 원어치는 몇 mL?
천 원짜리 10장

식 $800 \div 4 \times 10$
$= 200 \times 10$
$= 2000$

답 2000 mL

정답 및 해설

1 삼겹살 **500 g**에 **20000원**일 때,

만 원짜리
2장　　　**삼겹살 5만 원어치**는 몇 **g**?

만 원짜리 5장

500 g 20000원	÷2	? g 10000원	×5	?? g 50000원

➡ 500÷2×5＝250×5
　　　　　　＝1250

답 1250 g

2 ※ 천 원어치 딸기의 양이 몇 g인지 비교해 봅니다.

　　〈딸기 한 팩〉　　　　　〈딸기 한 상자〉

400 g에 **5000원**　　　　**900 g**에 **12000원**

천 원짜리 5장　　　　　　천 원짜리 12장

400 g 5000원	÷5	? g 1000원		900 g 12000원	÷12	? g 1000원

→ 400÷5＝80(g)　　　　→ 900÷12＝75(g)

➡ 천 원어치 딸기의 양이 더 많은 쪽은 딸기 한 팩이므로 딸기 한 팩을 사야 이득입니다.

※ 딸기 1 g당 가격을 비교해도 됩니다.

　　〈딸기 한 팩〉　　　　　〈딸기 한 상자〉

400 g 5000원	÷400	1 g ?원		900 g 12000원	÷900	1 g ?원

→ 5000÷400＝12.5(원)　　→ 12000÷900
　　　　　　　　　　　　　＝13.333…(원)

➡ 1 g당 가격이 더 싼 딸기 한 팩을 사야 이득입니다.

답 팩

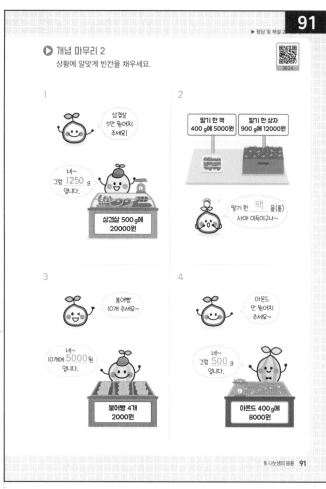

3 붕어빵 **4개**에 **2000원**일 때, 붕어빵 **10개** 가격은?

(1개의 가격)×10

(1개의 가격)＝2000÷4

➡ 2000÷4×10＝500×10
　　　　　　　＝5000

답 5000원

4 아몬드 **400 g**에 **8000원**일 때, 아몬드 **만 원어치**는 몇 **g**?

천 원짜리 8장　　　　　천 원짜리 10장

400 g 8000원	÷8	? g 1000원	×10	? g 10000원

➡ 400÷8×10＝50×10
　　　　　　＝500

답 500 g

3 나머지까지 나누기

▶ 정답 및 해설 31쪽

문제 솜사탕이 5 g에 2000원입니다.
1000원으로는 솜사탕 몇 g을 살 수 있을까요?

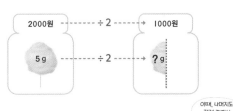

2000원 ┄┄┄ ÷2 ┄┄→ 1000원
5 g ┄┄┄ ÷2 ┄┄→ ? g

이때, 나머지도 잘게 쪼개서 더 나눌 수 있어!

식 $5 \div 2 = 2 \cdots 1$

나머지까지 나눌 때의 계산 방법

나눌 수 있는 데까지 나누기

$$2$$
$$2\overline{)5}$$
$$\underline{4}$$
$$1$$

자연수 뒤에 소수점 찍고 0을 붙여서 소수로 만들기

$$2$$
$$2\overline{)5.0}$$
$$\underline{4}$$
$$1\ 0$$

0은 그대로 내려주기

나머지를 잘게 쪼개서,

계속 나눌 수 있지~

소수점 맞춰 그대로 올려서 찍어 주기

$$2.5$$
$$2\overline{)5.0}$$
$$\underline{4}$$
$$1\ 0$$
$$\underline{1\ 0}$$
$$0$$

답 1000원으로는 솜사탕 2.5 g을 살 수 있어요!

▶ 개념 익히기 1

나눗셈을 하여 몫과 나머지를 구하세요. (단, 몫은 자연수)

1
$$7 \div 4 = 1 \cdots 3$$

2
$$19 \div 6 = 3 \cdots 1$$

3
$$24 \div 5 = 4 \cdots 4$$

▶ 개념 익히기 2

자연수에 소수점을 찍고 0을 붙여서 소수로 나타내세요.

1
$$12 \xrightarrow{\text{소수로}} 12.0$$

2
$$7 \xrightarrow{\text{소수로}} 7.0$$

3
$$354 \xrightarrow{\text{소수로}} 354.0$$

▶ 정답 및 해설 31쪽

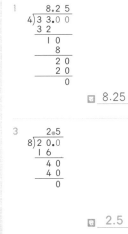

▶ 개념 다지기 1

몫의 자리에 소수점을 알맞게 찍고, 몫을 구하세요.

1
$$\begin{array}{r} 8.2\,5 \\ 4\overline{)3\ 3.0\ 0} \\ \underline{3\ 2} \\ 1\ 0 \\ \underline{8} \\ 2\ 0 \\ \underline{2\ 0} \\ 0 \end{array}$$
답 8.25

2
$$\begin{array}{r} 1.5 \\ 6\overline{)9.0} \\ \underline{6} \\ 3\ 0 \\ \underline{3\ 0} \\ 0 \end{array}$$
답 1.5

3
$$\begin{array}{r} 2.5 \\ 8\overline{)2\ 0.0} \\ \underline{1\ 6} \\ 4\ 0 \\ \underline{4\ 0} \\ 0 \end{array}$$
답 2.5

4
$$\begin{array}{r} 1\ 4.2 \\ 5\overline{)7\ 1.0} \\ \underline{5} \\ 2\ 1 \\ \underline{2\ 0} \\ 1\ 0 \\ \underline{1\ 0} \\ 0 \end{array}$$
답 14.2

5
$$\begin{array}{r} 8.5 \\ 4\overline{)3\ 4.0} \\ \underline{3\ 2} \\ 2\ 0 \\ \underline{2\ 0} \\ 0 \end{array}$$
답 8.5

6
$$\begin{array}{r} 5\ 1.8 \\ 5\overline{)2\ 5\ 9.0} \\ \underline{2\ 5} \\ 9 \\ \underline{5} \\ 4\ 0 \\ \underline{4\ 0} \\ 0 \end{array}$$
답 51.8

▶ 개념 다지기 2

나머지를 잘게 쪼개서 나누어떨어질 때까지 나누고, 몫을 구하세요.

1
$$\begin{array}{r} 1.6 \\ 5\overline{)8.0} \\ \underline{5} \\ 3\ 0 \\ \underline{3\ 0} \\ 0 \end{array}$$
답 1.6

2
$$\begin{array}{r} 6.5 \\ 2\overline{)1\ 3.0} \\ \underline{1\ 2} \\ 1\ 0 \\ \underline{1\ 0} \\ 0 \end{array}$$
답 6.5

3
$$\begin{array}{r} 4.5 \\ 6\overline{)2\ 7.0} \\ \underline{2\ 4} \\ 3\ 0 \\ \underline{3\ 0} \\ 0 \end{array}$$
답 4.5

4
$$\begin{array}{r} 9.5 \\ 8\overline{)7\ 6.0} \\ \underline{7\ 2} \\ 4\ 0 \\ \underline{4\ 0} \\ 0 \end{array}$$
답 9.5

5
$$\begin{array}{r} 1\ 6.5 \\ 4\overline{)6\ 6.0} \\ \underline{4} \\ 2\ 6 \\ \underline{2\ 4} \\ 2\ 0 \\ \underline{2\ 0} \\ 0 \end{array}$$
답 16.5

6
$$\begin{array}{r} 1\ 4.6 \\ 5\overline{)7\ 3.0} \\ \underline{5} \\ 2\ 3 \\ \underline{2\ 0} \\ 3\ 0 \\ \underline{3\ 0} \\ 0 \end{array}$$
답 14.6

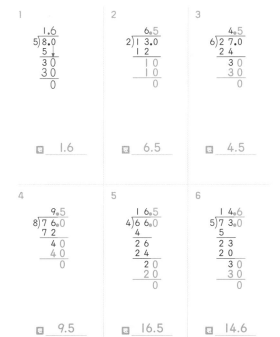

정답 및 해설

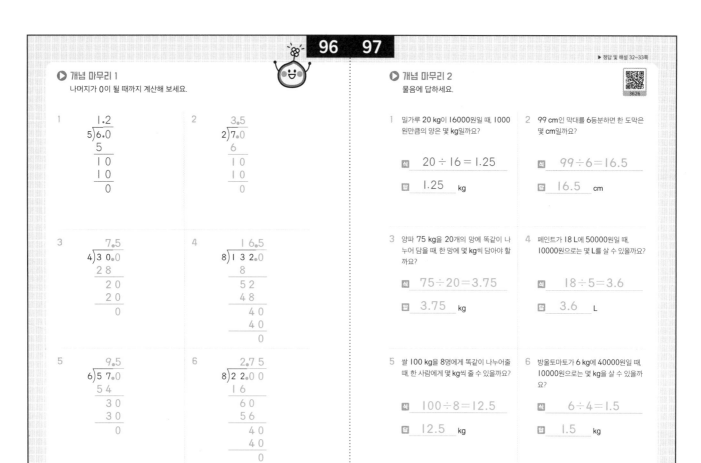

▶ 정답 및 해설 32~33쪽

97쪽

1 밀가루 **20 kg**이 **16000**원일 때, **1000**원만큼의 양은?

천 원짜리 16장

```
 20 kg  ÷16  ? kg
16000원      1000원
```

식   20÷16
    =1.25

```
      1.2 5
16)2 0.0 0
    1 6
    ─────
      4 0
      3 2
    ─────
        8 0
        8 0
      ─────
          0
```

답 1.25 kg

2 **99 cm**인 막대를 **6**등분하면 한 도막은 몇 **cm**?

식   99÷6
    =16.5

```
      1 6.5
6)9 9.0
  6
  ───
  3 9
  3 6
  ─────
    3 0
    3 0
  ─────
      0
```

답 16.5 cm

3 양파 **75 kg**을 **20**개의 망에 똑같이 나누어 담을 때, 한 망에 몇 **kg**?

식 75÷20
  =3.75

```
      3.7 5
20)7 5.0 0
    6 0
    1 5 0
    1 4 0
      1 0 0
      1 0 0
          0
```

답 3.75 kg

4 페인트가 **18 L**에 **50000원**일 때, **10000원**으로는 몇 **L**?
만 원짜리 5장

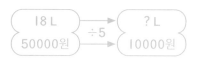

식 18÷5
  =3.6

```
      3.6
5)1 8.0
  1 5
    3 0
    3 0
      0
```

답 3.6 L

5 쌀 **100 kg**을 **8**명에게 똑같이 나누어줄 때, 한 사람에게 몇 **kg**?

식 100÷8
  =12.5

```
      1 2.5
8)1 0 0.0
  8
  2 0
  1 6
    4 0
    4 0
      0
```

답 12.5 kg

6 방울토마토가 **6 kg**에 **40000원**일 때, **10000원**으로는 몇 **kg**?
만 원짜리 4장

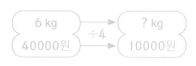

식 6÷4
  =1.5

```
    1.5
4)6.0
  4
  2 0
  2 0
    0
```

답 1.5 kg

4 (작은 수) ÷ (큰 수)

98　99

▶ 정답 및 해설 34쪽

소수점을 이용하여 계산하는 법

한 번도
못 들어가니까 '0'

5)3

자연수 뒤에
소수점 찍고
0을 붙여서
소수로 만들기

5)3.0

0.6

소수점을 몫에
그대로 올려서
찍어 주기

5)3.0
　30
　　0

(작은 수) ÷ (큰 수) 를 했더니
몫이 1보다 작아지네~

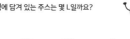

응용문제 주스 3 L를 5병에 똑같이 나누어 담았습니다.
2병에 담겨 있는 주스는 몇 L일까요?

먼저 한 병에 담긴
주스의 양을 구해보자!

| 5병 | ÷5 | 1병 | ×2 | 2병 |
| 3 L | ÷5 | ? L | ×2 | ?? L |

식 3 ÷ 5 × 2
　= 0.6 × 2
　= 1.2

소수점이
없다~ 생각하고
곱한 후,

0.6
× 　2
1.2

결과에
곱한 소수의 자리 수만큼
소수점 찍기

답 1.2 L

▶ 개념 익히기 1

몫이 1보다 작은 나눗셈식에 ○표 하세요.

1　　　　　2　　　　　3

(2 ÷ 5)　　16 ÷ 4　　9 ÷ 3

9 ÷ 6　　7 ÷ 2　　(5 ÷ 8)

10 ÷ 3　　(8 ÷ 10)　　12 ÷ 6

▶ 개념 익히기 2

곱셈 결과에 알맞게 소수점을 찍으세요.

1　　　　　2　　　　　3

　1.7 4　　　0.3 5　　　2.9
×　　6　　×　　8　　×　　7
1 0.4 4　　2.8 0　　2 0.3

100

▶ 개념 다지기 1

소수점을 찍고, 나머지가 0이 될 때까지 이어서 계산하세요.

1
　　　0.8
5)4.0
　4 0
　　0

2
　　　0.2 5
8)2.0 0
　1 6
　　4 0
　　4 0
　　　0

3
　　　0.7 5
12)9.0 0
　8 4
　　6 0
　　6 0
　　　0

4
　　　0.2
15)3.0
　3 0
　　0

5
　　　0.5 5
20)1 1.0 0
　1 0 0
　　1 0 0
　　1 0 0
　　　　0

6
　　　0.4
40)1 6.0
　1 6 0
　　　0

※ 몫을 작게 하려면 전체를 작게,
나누는 수를 크게 해야 하므로
(가장 작은 수)÷(가장 큰 수)로 계산합니다.

1

가장 큰 수 → 가장 작은 수 →

(나눗셈식)　$9÷15$
　　　　　$=0.6$

$$\begin{array}{r} 0.6 \\ 15{\overline{\smash{)}\,9.0}} \\ \underline{9\,0} \\ 0 \end{array}$$

2

가장 작은 수 → 가장 큰 수 →

(나눗셈식)　$14÷20$
　　　　　$=0.7$

$$\begin{array}{r} 0.7 \\ 20{\overline{\smash{)}\,14.0}} \\ \underline{14\,0} \\ 0 \end{array}$$

3

30　24　18

가장 큰 수 → 가장 작은 수 →

(나눗셈식)　$18÷30$
　　　　　$=0.6$

$$\begin{array}{r} 0.6 \\ 30{\overline{\smash{)}\,18.0}} \\ \underline{18\,0} \\ 0 \end{array}$$

4

13　17　25

가장 작은 수 → 가장 큰 수 →

(나눗셈식)　$13÷25$
　　　　　$=0.52$

$$\begin{array}{r} 0.52 \\ 25{\overline{\smash{)}\,13.00}} \\ \underline{12\,5} \\ 5\,0 \\ \underline{5\,0} \\ 0 \end{array}$$

5

32　40　26

가장 큰 수 → 가장 작은 수 →

(나눗셈식)　$26÷40$
　　　　　$=0.65$

$$\begin{array}{r} 0.65 \\ 40{\overline{\smash{)}\,26.00}} \\ \underline{24\,0} \\ 2\,0\,0 \\ \underline{2\,0\,0} \\ 0 \end{array}$$

6

45　36　75

가장 작은 수 → 가장 큰 수 →

(나눗셈식)　$36÷75$
　　　　　$=0.48$

$$\begin{array}{r} 0.48 \\ 75{\overline{\smash{)}\,36.00}} \\ \underline{3\,0\,0} \\ 6\,0\,0 \\ \underline{6\,0\,0} \\ 0 \end{array}$$

▶ 정답 및 해설 3쪽

101

○ 개념 다지기 2
수 카드 중에서 2장을 골라 몫이 가장 작은 나눗셈식을 만들고,
계산해 보세요.

1　15　9　12　　나눗셈식　$9÷15=0.6$

2　14　20　19　　나눗셈식　$14÷20=0.7$

3　30　24　18　　나눗셈식　$18÷30=0.6$

4　13　17　25　　나눗셈식　$13÷25=0.52$

5　32　40　26　　나눗셈식　$26÷40=0.65$

6　45　36　75　　나눗셈식　$36÷75=0.48$

9. 나눗셈의 응용 **101**

▶ 개념 마무리 1

빈칸을 알맞게 채우고, 식을 세워 답을 구하세요.

1

콩 60 kg을 80봉지에 똑같이 나누어 담을 때, 30봉지에 담은 콩은 모두 몇 kg일까요?

```
    0.7 5
80)60.0 0
   5 6 0
     4 0 0
     4 0 0
         0
```

60 kg ──[÷ 80]──▶ 한 봉지에 담긴 무게 [0.75] kg ──[× 30]──▶ 30봉지에 담긴 무게

```
  0.7 5
×  3 0
2 2.5 Ø
```

식 $60 \div 80 \times 30 = 22.5$　　　답 22.5 kg

2

물감 1 L를 5명이 똑같이 나눌 때, 2명이 갖는 물감은 모두 몇 L일까요?

```
   0.2
5)1.0
  1 0
    0
```

1 L ──[÷ 5]──▶ 1명이 갖는 물감의 양 [0.2] L ──[× 2]──▶ 2명이 갖는 물감의 양

```
  0.2
×   2
  0.4
```

식 $1 \div 5 \times 2 = 0.4$　　　답 0.4 L

3

4 m의 철사를 모두 사용하여 정팔각형을 만들 때, 세 변의 길이의 합은 몇 m일까요?

```
   0.5
8)4.0
  4 0
    0
```

4 m ──[÷ 8]──▶ 정팔각형 한 변의 길이 [0.5] m ──[× 3]──▶ 정팔각형 세 변의 길이의 합

```
  0.5
×   3
  1.5
```

식 $4 \div 8 \times 3 = 1.5$　　　답 1.5 m

4

사과즙 3 L가 20000원일 때, 6000원어치는 몇 L일까요?

```
    0.1 5
20)3.0 0
   2 0
   1 0 0
   1 0 0
       0
```

3 L ──[÷ 20]──▶ 사과즙 1000원어치 [0.15] L ──[× 6]──▶ 사과즙 6000원어치

```
  0.1 5
×     6
  0.9 Ø
```

식 $3 \div 20 \times 6 = 0.9$　　　답 0.9 L

1 정오각형의 둘레가 **2 m**일 때,

<u>변이 5개</u>

정오각형과 한 변의 길이가 같은 정사각형을 만들려면

<u>변이 4개</u>

철사는 몇 **m** 필요할까?

<u>정사각형의 둘레</u>

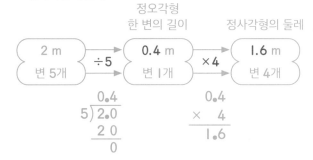

정오각형 한 변의 길이 정사각형의 둘레

| 2 m 변 5개 | ÷5 | 0.4 m 변 1개 | ×4 | 1.6 m 변 4개 |

```
    0.4          0.4
5)2.0          ×  4
    2 0          1.6
      0
```

🟦 2÷5×4=1.6   🟩 1.6 m

2 주스 **4 L**를 **16**명이 똑같이 나누어 마시면,
한 사람이 몇 **L**씩 마실 수 있을까?

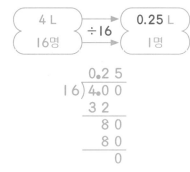

| 4 L 16명 | ÷16 | 0.25 L 1명 |

```
     0.2 5
16)4.0 0
     3 2
       8 0
       8 0
         0
```

🟦 4÷16=0.25   🟩 0.25 L

3 **100**원짜리 동전 **50**개의 무게가 **271 g**일 때
동전 **1**개의 무게는 몇 **g**?

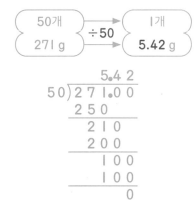

| 50개 271 g | ÷50 | 1개 5.42 g |

```
       5.4 2
50)2 7 1.0 0
     2 5 0
       2 1 0
       2 0 0
         1 0 0
         1 0 0
             0
```

🟦 271÷50=5.42   🟩 5.42 g

⊙ 개념 마무리 2
물음에 답하세요.

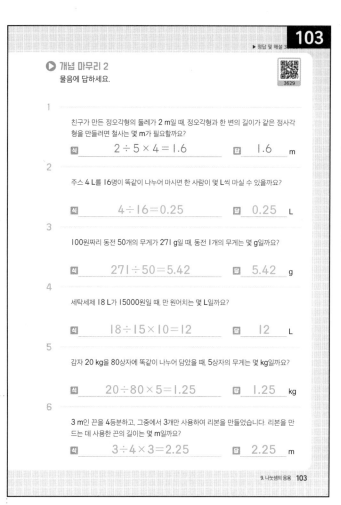

1 친구가 만든 정오각형의 둘레가 2 m일 때, 정오각형과 한 변의 길이가 같은 정사각형을 만들려면 철사는 몇 m가 필요할까요?

🟦 2÷5×4=1.6   🟩 1.6 m

2 주스 4 L를 16명이 똑같이 나누어 마시면 한 사람이 몇 L씩 마실 수 있을까요?

🟦 4÷16=0.25   🟩 0.25 L

3 100원짜리 동전 50개의 무게가 271 g일 때, 동전 1개의 무게는 몇 g일까요?

🟦 271÷50=5.42   🟩 5.42 g

4 세탁세제 18 L가 15000원일 때, 만 원어치는 몇 L일까요?

🟦 18÷15×10=12   🟩 12 L

5 감자 20 kg을 80상자에 똑같이 나누어 담았을 때, 5상자의 무게는 몇 kg일까요?

🟦 20÷80×5=1.25   🟩 1.25 kg

6 3 m인 끈을 4등분하고, 그중에서 3개만 사용하여 리본을 만들었습니다. 리본을 만드는 데 사용한 끈의 길이는 몇 m일까요?

🟦 3÷4×3=2.25   🟩 2.25 m

---

4 세탁세제 **18 L**가 **15000**원일 때, 만 원어치는 몇 **L**?

<u>천 원짜리 15장</u>   <u>천 원짜리 10장</u>

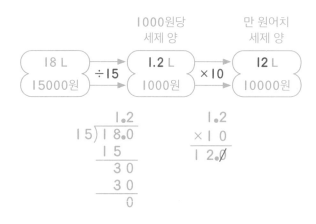

1000원당 세제 양   만 원어치 세제 양

| 18 L 15000원 | ÷15 | 1.2 L 1000원 | ×10 | 12 L 10000원 |

```
       1.2          1.2
15)1 8.0          × 1 0
     1 5          1 2.0
       3 0
       3 0
         0
```

🟦 18÷15×10=12   🟩 12 L

103쪽

5 감자 **20 kg**을 **80**상자에 똑같이 나누어 담았을 때, **5**상자의 무게는 몇 **kg**?

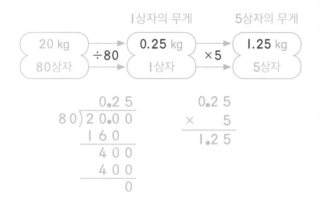

식 $20 \div 80 \times 5 = 1.25$ 답 1.25 kg

6 **3 m**인 끈을 **4**등분하고, 그중에서 **3**개만 사용하여 리본을 만들었을 때, 사용한 끈의 길이는 몇 **m**?
끈 **3**개의 길이

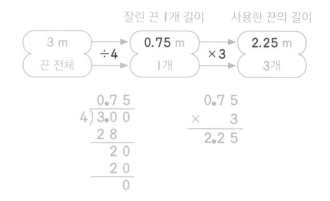

식 $3 \div 4 \times 3 = 2.25$ 답 2.25 m

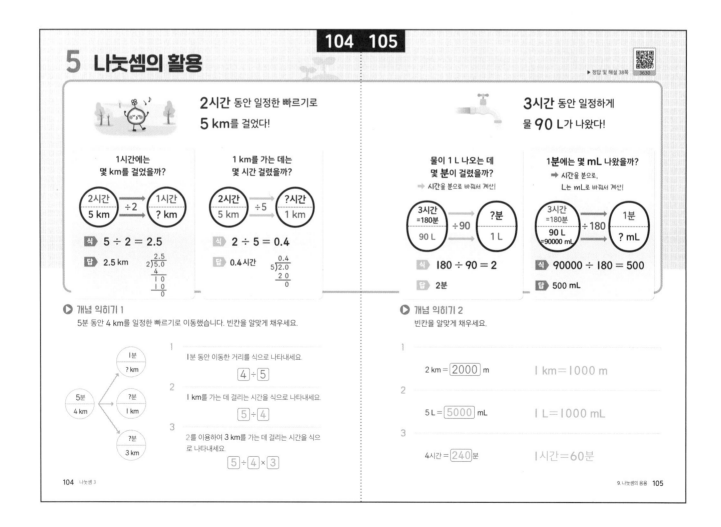

개념 다지기 1
문제를 읽고, 그림의 빈칸을 알맞게 채우세요.

개념 다지기 2
단위를 바꾸어 계산하는 과정입니다. 빈칸을 알맞게 채우세요.

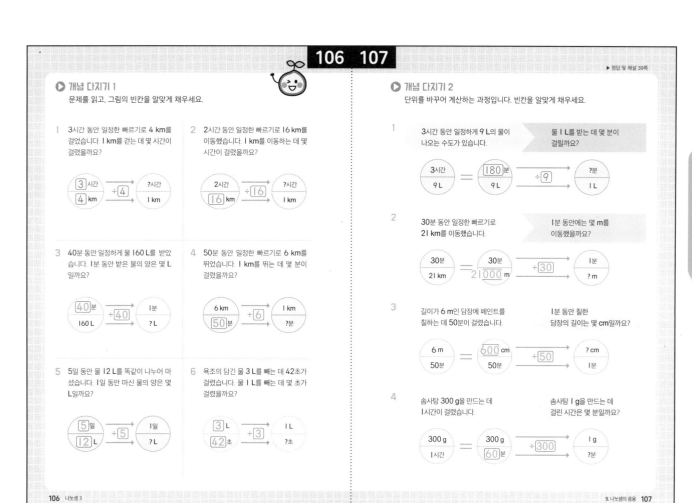

1 3시간 동안 일정한 빠르기로 4 km를 걸었습니다. 1 km를 걷는 데 몇 시간이 걸렸을까요?

2 2시간 동안 일정한 빠르기로 16 km를 이동했습니다. 1 km를 이동하는 데 몇 시간이 걸렸을까요?

3 40분 동안 일정하게 물 160 L를 받았습니다. 1분 동안 받은 물의 양은 몇 L일까요?

4 50분 동안 일정한 빠르기로 6 km를 뛰었습니다. 1 km를 뛰는 데 몇 분이 걸렸을까요?

5 5일 동안 물 12 L를 똑같이 나누어 마셨습니다. 1일 동안 마신 물의 양은 몇 L일까요?

6 욕조의 담긴 물 3 L를 빼는 데 42초가 걸렸습니다. 물 1 L를 빼는 데 몇 초가 걸렸을까요?

1 3시간 동안 일정하게 9 L의 물이 나오는 수도가 있습니다. | 물 1 L를 받는 데 몇 분이 걸릴까요?

2 30분 동안 일정한 빠르기로 21 km를 이동했습니다. | 1분 동안에는 몇 m를 이동했을까요?

3 길이가 6 m인 담장에 페인트를 칠하는 데 50분이 걸렸습니다. | 1분 동안 칠한 담장의 길이는 몇 cm일까요?

4 솜사탕 300 g을 만드는 데 1시간이 걸렸습니다. | 솜사탕 1 g을 만드는 데 걸린 시간은 몇 분일까요?

108

개념 마무리 1
문제를 읽고, 빈칸을 알맞게 채우세요.

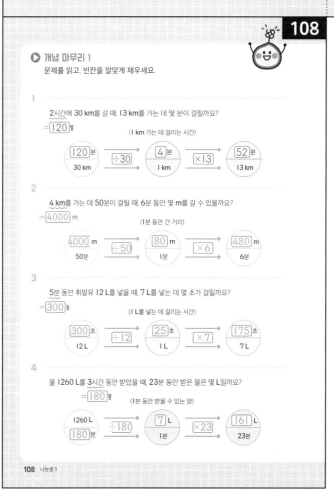

1 2시간에 30 km를 갈 때, 13 km를 가는 데 몇 분이 걸릴까요?
= 120 분
(1 km 가는 데 걸리는 시간)

2 4 km를 가는 데 50분이 걸릴 때, 6분 동안 몇 m를 갈 수 있을까요?
= 4000 m
(1분 동안 간 거리)

3 5분 동안 휘발유 12 L를 넣을 때, 7 L를 넣는 데 몇 초가 걸릴까요?
= 300 초
(1 L를 넣는 데 걸리는 시간)

4 물 1260 L를 3시간 동안 받았을 때, 23분 동안 받은 물은 몇 L일까요?
= 180 분
(1분 동안 받을 수 있는 양)

109

▶ 정답 및 해설 3

개념 마무리 2
물음에 답하세요.

1
2시간 동안 물 360 L가 나오는 수도를 이용하여 물통에 물을 다 채우는 데 7분이 걸렸습니다. 이 물통의 들이는 몇 L일까요?   21 L

$$\underset{360\ L}{\overset{120분}{\bigcirc}} \xrightarrow{\div 120} \underset{3\ L}{\overset{1분}{\bigcirc}} \xrightarrow{\times 7} \underset{21\ L}{\overset{7분}{\bigcirc}}$$

2
24 kg에 30만 원인 돼지고기를 똑같이 나누어 포장하려고 합니다. 나눈 고깃덩어리 하나의 가격이 5만 원이 되도록 하려면 무게는 몇 kg이 되어야 할까요?
4 kg

3
384 km를 4시간 동안 가는 기차를 타고 ㉮역에서 ㉯역까지 이동했더니 15분이 걸렸습니다. ㉮역에서 ㉯역까지의 거리는 몇 km일까요?
24 km

4
휘발유 30 L로 480 km를 이동할 수 있는 자동차가 있습니다. 이 자동차를 타고 집에서 4 km 떨어진 학교까지 이동했을 때, 사용한 휘발유는 몇 mL일까요?
250 mL

1 <u>2시간 동안 물 360 L가 나오는 수도가 있음</u>
= 120분

물통에 물을 다 채우는 데 **7분**이 걸림
이 물통의 들이는 몇 L?

1분 동안
채우는 물의 양

→ $360 \div 120 \times 7 = 21$

답 21 L

---

2 **24 kg**에 **30만 원**인 돼지고기를 똑같이 나누어 포장할 때,
　　　만 원짜리가 30장

나눈 고깃덩어리 하나의 가격이 **5만 원**이 되려면
무게는 몇 **kg**?　　　만 원짜리가 5장

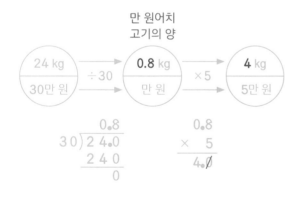

만 원어치
고기의 양

$$\begin{array}{r} 0.8 \\ 30\overline{)24.0} \\ \underline{24\,0} \\ 0 \end{array} \qquad \begin{array}{r} 0.8 \\ \times\ \ 5 \\ \hline 4.0 \end{array}$$

→ $24 \div 30 \times 5 = 4$

답 4 kg

<다른 풀이>

$$\underset{30만\ 원}{\overset{24\ kg}{\bigcirc}} \xrightarrow{\div 6} \underset{5만\ 원}{\overset{4\ kg}{\bigcirc}}$$

→ $24 \div 6 = 4$

답 4 kg

3 384 km를 4시간 동안 가는 기차
=240분
㉮역에서 ㉯역까지 이동하는 데 15분 걸림
㉮역에서 ㉯역까지의 거리는 몇 km?

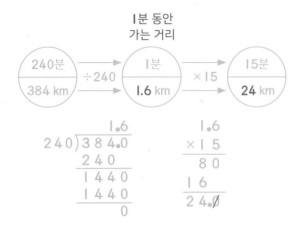

1분 동안
가는 거리

240분	÷240	1분	×15	15분
384 km		1.6 km		24 km

$$\begin{array}{r} 1.6 \\ 240)\overline{384.0} \\ 240 \\ \overline{1440} \\ 1440 \\ \overline{0} \end{array}$$

$$\begin{array}{r} 1.6 \\ \times\ 15 \\ \overline{80} \\ 16 \\ \overline{24.0} \end{array}$$

→ 384÷240×15=24

🖹 24 km

4 휘발유 30 L로 480 km를 이동하는 자동차
=30000 mL
자동차를 타고 집에서 4 km 떨어진 학교까지 이동할 때,
사용한 휘발유는 몇 mL?

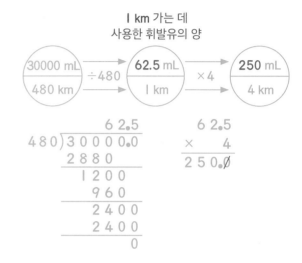

1 km 가는 데
사용한 휘발유의 양

30000 mL	÷480	62.5 mL	×4	250 mL
480 km		1 km		4 km

$$\begin{array}{r} 62.5 \\ 480)\overline{30000.0} \\ 2880 \\ \overline{1200} \\ 960 \\ \overline{2400} \\ 2400 \\ \overline{0} \end{array}$$

$$\begin{array}{r} 62.5 \\ \times\ \ 4 \\ \overline{250.0} \end{array}$$

→ 30000÷480×4=250

🖹 250 mL

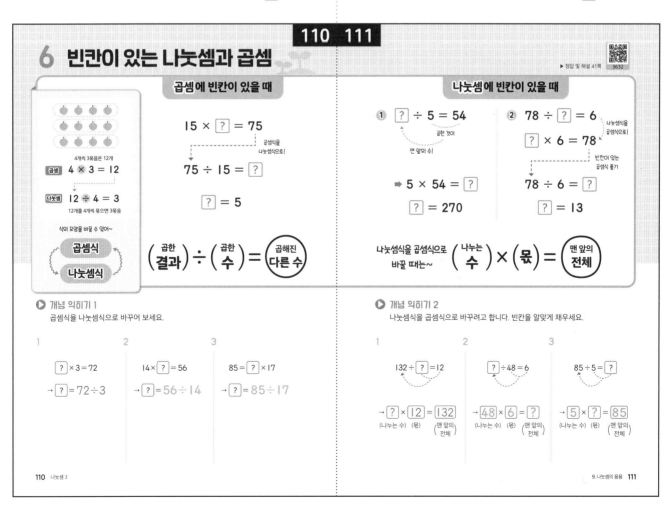

110 111

6 빈칸이 있는 나눗셈과 곱셈

▶ 정답 및 해설 41쪽
3632

곱셈에 빈칸이 있을 때

4개씩 3묶음은 12개
곱셈 4 × 3 = 12
나눗셈 12 ÷ 4 = 3
12개를 4개씩 묶으면 3묶음

식의 모양을 바꿀 수 있어~
곱셈식 ⇄ 나눗셈식

15 × ? = 75
→ 곱셈식을 나눗셈식으로!
75 ÷ 15 = ?
? = 5

(곱한 결과) ÷ (곱한 수) = (곱해진 다른 수)

나눗셈에 빈칸이 있을 때

① ? ÷ 5 = 54 → 곱한 것이 / 맨 앞의 수!
⇒ 5 × 54 = ?
? = 270

② 78 ÷ ? = 6 → 나눗셈식을 곱셈식으로!
? × 6 = 78 → 빈칸이 있는 곱셈식 풀기
78 ÷ 6 = ?
? = 13

나눗셈식을 곱셈식으로 바꿀 때는~ (나누는 수) × (몫) = (맨 앞의 전체)

🔵 개념 익히기 1
곱셈식을 나눗셈식으로 바꾸어 보세요.

1
? × 3 = 72
→ ? = 72÷3

2
14 × ? = 56
→ ? = 56÷14

3
85 = ? × 17
→ ? = 85÷17

🔵 개념 익히기 2
나눗셈식을 곱셈식으로 바꾸려고 합니다. 빈칸을 알맞게 채우세요.

1
132÷ ? =12
→ ? × 12 = 132
(나누는 수) (몫) (맨 앞의 전체)

2
? ÷48=6
→ 48 × 6 = ?
(나누는 수) (몫) (맨 앞의 전체)

3
85÷5= ?
→ 5 × ? = 85
(나누는 수) (몫) (맨 앞의 전체)

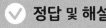
112 113

▶ 정답 및 해설 42쪽

▶ 개념 다지기 1
곱셈식은 나눗셈식으로, 나눗셈식은 곱셈식으로 바꾸어 보세요.

1   $A \times B = C$

$C \div B = A$
또는
$C \div A = B$

2   $㉠ \times ㉑ = ㉢$

$㉢ \div ㉑ = ㉠$
또는
$㉢ \div ㉠ = ㉑$

3   $㉡ = 2 \times ㉠$

$㉡ \div ㉠ = 2$
또는
$㉡ \div 2 = ㉠$

4   $52 \div ★ = ♡$

$★ \times ♡ = 52$
또는
$♡ \times ★ = 52$

5   $33 = ◎ \div ▲$

$▲ \times 33 = ◎$
또는
$33 \times ▲ = ◎$

6   $㉮ \div 14 = ㉯$

$14 \times ㉯ = ㉮$
또는
$㉯ \times 14 = ㉮$

▶ 개념 다지기 2
?에 알맞은 수를 구하세요.

1   $98 \div \boxed{?} = 14$
     7

$\boxed{?} \times 14 = 98$
$98 \div 14 = \boxed{?}$
$\boxed{?} = 7$

2   $8 \times \boxed{?} = 632$

$632 \div 8 = \boxed{?}$
$\boxed{?} = 79$

3   $\boxed{?} \times 15 = 7290$

$7290 \div 15 = \boxed{?}$
$\boxed{?} = 486$

4   $\boxed{?} \div 7 = 49$

$7 \times 49 = \boxed{?}$
$\boxed{?} = 343$

5   $128 \div \boxed{?} = 32$

$\boxed{?} \times 32 = 128$
$128 \div 32 = \boxed{?}$
$\boxed{?} = 4$

6   $132 \div \boxed{?} = 12$

$\boxed{?} \times 12 = 132$
$132 \div 12 = \boxed{?}$
$\boxed{?} = 11$

114

▶ 개념 마무리 1
물음에 답하세요.

1   $\boxed{?}$를 7로 나누었더니 몫이 21입니다.
    $\boxed{?}$를 49로 나눈 몫을 구하세요.

                3

$\boxed{?} \div 7 = 21$
$7 \times 21 = \boxed{?}$
$\boxed{?} = 147$
$→ \boxed{?} \div 49 = 147 \div 49$
$= 3$

2   $\boxed{?}$에 3을 곱했더니 84입니다. 182를
    $\boxed{?}$로 나눈 몫을 구하세요.

                6.5

3   $\boxed{?}$를 5로 나누었더니 몫이 18입니다.
    $\boxed{?}$를 15로 나눈 몫을 구하세요.

                6

4   300을 $\boxed{?}$로 나누었더니 몫이 15입니
    다. 3240을 $\boxed{?}$로 나눈 몫을 구하세요.

                162

5   $\boxed{?}$와 17을 곱했더니 425입니다.
    16을 $\boxed{?}$로 나눈 몫을 구하세요.

                0.64

6   288을 $\boxed{?}$로 나누었더니 몫이 9입니
    다. $\boxed{?}$를 40으로 나눈 몫을 구하세요.

                0.8

1 ?를 7로 나누었더니 몫이 21

→ ?÷7=21

7×21=?

?=147

?를 49로 나눈 몫은?

→ ?÷49

=147÷49

=3

답 3

2 ?에 3을 곱했더니 84

→ ?×3=84

84÷3=?

?=28

182를 ?로 나눈 몫은?

→ 182÷?

=182÷28

=6.5

```
       6.5
28)1 8 2.0
    1 6 8
      1 4 0
      1 4 0
            0
```

답 6.5

3 ?를 5로 나누었더니 몫이 18

→ ?÷5=18

5×18=?

?=90

?를 15로 나눈 몫은?

→ ?÷15

=90÷15

=6

답 6

4 300을 ?로 나누었더니 몫이 15

→ 300÷?=15

?×15=300

300÷15=?

?=20

3240을 ?로 나눈 몫은?

→ 3240÷?

=3240÷20

=162

답 162

5 ?와 17을 곱했더니 425

→ ?×17=425

425÷17=?

?=25

16을 ?로 나눈 몫은?

→ 16÷?

=16÷25

=0.64

```
       0.6 4
25)1 6.0 0
    1 5 0
      1 0 0
      1 0 0
            0
```

답 0.64

6 288을 ?로 나누었더니 몫이 9

→ 288÷?=9

?×9=288

288÷9=?

?=32

?를 40으로 나눈 몫은?

→ ?÷40

=32÷40

=0.8

```
        0.8
40)3 2.0
    3 2 0
          0
```

답 0.8

1 I봉지에 I2개씩 들어있는 과자를 **34**봉지 샀음

(1) **34**봉지에 들어있는 과자는 모두 몇 개?

→ I2×34＝**408**(개)

(2) ?명의 친구들에게 똑같이 나누어 주었더니 한 명당 I7개씩 받음

→ 408÷?＝I7

?×I7＝408

408÷I7＝?

?＝**24**

2 **30**분에 **4500**원인 스터디룸

(1) 스터디룸을 I분 동안 이용할 때, 비용은?

→ 4500÷30＝**I50**(원)

(2) ?분 동안 이용하고 **2**만 원을 냈더니 거스름돈으로 **5000**원을 받음

실제 이용한 비용은
20000－5000＝I5000(원)

→ ?×I50＝I5000

I5000÷I50＝?

?＝**I00**

3 커피원두 **6 kg**에 **90000**원일 때, I **kg**씩 포장함

(1) 커피원두 I **kg**의 가격은?

→ 90000÷6＝**I5000**(원)

(2) 커피원두 **4 kg**의 가격은?

→ I5000×4＝60000(원)

?＝**60000**

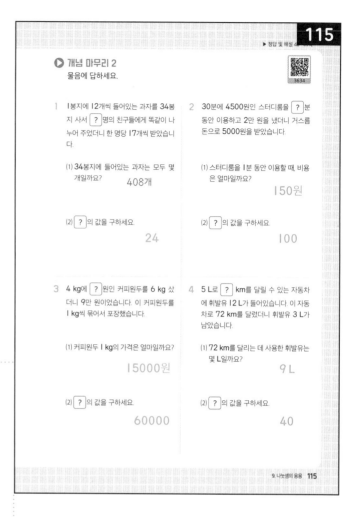

4 **5 L**로 ? **km**를 달릴 수 있는 자동차에 휘발유 **I2 L**가 들어있음
72 km를 달렸더니 휘발유 **3 L**가 남음

(1) **72 km**를 달리는 데 사용한 휘발유는 몇 **L**?

→ I2－3＝**9**(L)

(2) **5 L**로 달릴 수 있는 거리는 몇 **km**?

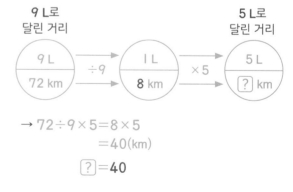

→ 72÷9×5＝8×5
＝40(km)

?＝**40**

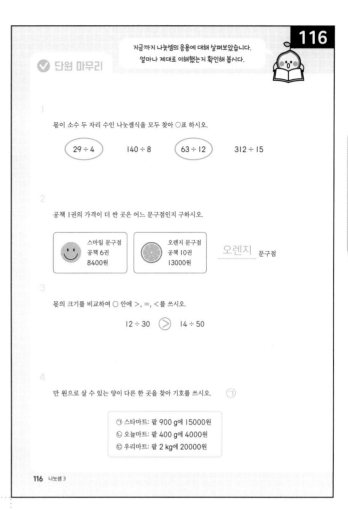

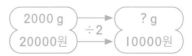

1

$29 \div 4 = 7.25$

```
      7.2 5
  4 ) 2 9.0 0
      2 8
        1 0
          8
          2 0
          2 0
             0
```

$140 \div 8 = 17.5$

```
       1 7.5
  8 ) 1 4 0.0
      8
      6 0
      5 6
        4 0
        4 0
           0
```

$63 \div 12 = 5.25$

```
        5.2 5
 1 2 ) 6 3.0 0
       6 0
         3 0
         2 4
           6 0
           6 0
              0
```

$312 \div 15 = 20.8$

```
        2 0.8
 1 5 ) 3 1 2.0
       3 0
         1 2 0
         1 2 0
              0
```

2 스마일 문구점: 공책 6권에 8400원

공책 1권의 가격은?

→ $8400 \div 6 = 1400$(원)

오렌지 문구점: 공책 10권에 13000원

공책 1권의 가격은?

→ $13000 \div 10 = 1300$(원)

➡ 1권의 가격이 더 싼 곳은 **오렌지** 문구점

3 $12 \div 30 \enspace \bigcirc > \enspace 14 \div 50$

$= 0.4 \qquad\qquad\qquad = 0.28$

```
        0.4
 30 ) 1 2.0
      1 2 0
           0
```

```
        0.2 8
 50 ) 1 4.0 0
      1 0 0
        4 0 0
        4 0 0
             0
```

4 만 원으로 살 수 있는 양을 비교하기

천 원짜리 10장

㉠ 팥 900 g에 15000원

천 원짜리 15장

| 900 g | | ? g | | ?? g |
| 15000원 | ÷15 | 1000원 | ×10 | 10000원 |

→ $900 \div 15 \times 10 = 60 \times 10 = 600$(g)

㉡ 팥 400 g에 4000원

천 원짜리 4장

| 400 g | | ? g | | ?? g |
| 4000원 | ÷4 | 1000원 | ×10 | 10000원 |

→ $400 \div 4 \times 10 = 100 \times 10 = 1000$(g)

㉢ 팥 2 kg에 20000원

= 2000 g　　만 원짜리 2장

| 2000 g | | ? g |
| 20000원 | ÷2 | 10000원 |

→ $2000 \div 2 = 1000$(g)

➡ 살 수 있는 양이 다른 곳은 ㉠ 스타마트

117쪽

5

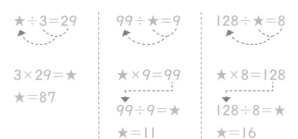

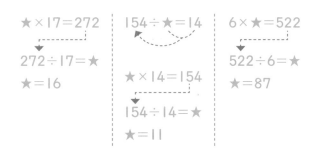

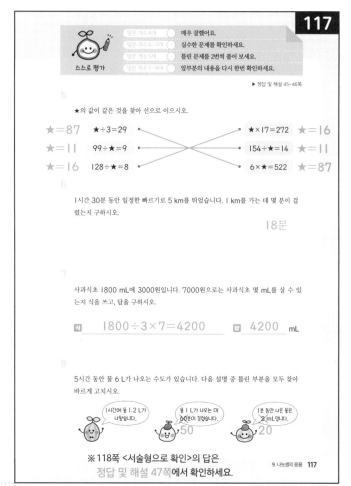

6 I시간 30분 동안 일정한 빠르기로 5 km 뛰었음

=90분

I km를 가는 데 몇 분?

→ 90÷5=18(분)

7 사과식초가 I800 mL에 3000원일 때,
7000원으로는 사과식초 몇 mL?

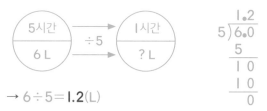

식 I800÷3×7
   =600×7
   =4200

답 4200 mL

8 5시간 동안 물 6 L가 나오는 수도가 있음
=300분   =6000 mL

I시간에 나오는 물의 양은 몇 L?

→ 6÷5=I.2(L)

물 I L가 나오는 데 걸리는 시간은 몇 분?

→ 300÷6=50(분)

I분 동안 나온 물의 양은 몇 mL?

→ 6000÷300=20(mL)

7. 큰 수의 나눗셈

서술형으로 확인 ✏️

▶ 정답 및 해설 47쪽

1 몫이 1000보다 작은 (네 자리 수)÷(한 자리 수)의 식을 만들고 계산해 보세요. (힌트: 12~13쪽)

※ 몫이 세 자리 수가 되도록 식을 만듭니다.

나눗셈식: 예 6875÷9

몫: 763　나머지: 8

```
     763
9)6875
    63
    57
    54
     35
     27
      8
```

2 (내가 태어난 년도)÷(나이)를 계산해 보세요. (힌트: 18~19쪽)

나눗셈식: 예 2012÷11

몫: 182

나머지: 10

```
    182
11)2012
    11
    91
    88
    32
    22
    10
```

3 몫을 구하는 과정에서 틀린 부분을 찾아 이유를 쓰세요. (힌트: 26~27쪽)

```
        6
3617)254830
     21702
      3781
```

이유: 빼서 나온 3781이 나누는 수 3617보다 커서, 몫을 1 크게 고쳐야 합니다.

34 나눗셈 3

잠깐! 서술형으로 쓰기 어려워? 그럼 앞에서 배운 걸 떠올려 봐! 앞에서 찾아보고 적어도 좋아

8. 나눗셈 사이의 관계

서술형으로 확인 ✏️

▶ 정답 및 해설 47쪽

1 두 친구가 만든 식을 보고, 계산 과정에서 생략해도 되는 부분이 있는 식은 누구의 것인지 이름을 쓰고, 그 이유를 쓰세요. (힌트: 38~39쪽)

예준　3000 × 3 ÷ 3 + 300

한샘　3000 × 3 + 300 ÷ 3

이름: 예준

이유: 어떤 수에 같은 수를 곱하고, 나누면 처음 수와 같기 때문입니다.

2 126÷18과 몫이 같은 나눗셈식을 만들 때, (두 자리 수)÷(한 자리 수)인 식을 3개 쓰세요. (힌트: 62~63쪽)

126÷18 (÷2 ÷2)　예 63÷9

126÷18 (÷3 ÷3)　42÷6

126÷18 (÷6 ÷6)　21÷3

3 두 친구가 저금통에 넣은 돈을 비교했습니다. 지폐의 수가 더 많은 사람이 누구인지 설명해 보세요. (힌트: 68~69쪽)

윤지: 난 천 원짜리로 54만 원을 저금했어.

준호: 난 오천 원짜리로 210만 원을 저금했어.

➡ 윤지가 가진 지폐의 수가 더 많습니다.

윤지: 540000÷1000=540(장)

준호: 2100000÷5000=420(장)

76 나눗셈 3

잠깐! 서술형으로 쓰기 어려워? 그럼 앞에서 배운 걸 떠올려 봐! 앞에서 찾아보고 적어도 좋아

9. 나눗셈의 응용

서술형으로 확인 ✏️

▶ 정답 및 해설 47쪽

1 투명 테이프 2개와 풀 3개를 사려면 얼마가 필요한지 설명해 보세요. (힌트: 80~81쪽)

투명 테이프 5개에 4200원	풀 12개에 7800원

답 3630원

투명 테이프 1개는 840원, 풀 1개는 650원이므로 840×2+650×3=3630(원)

2 수 카드 중에서 2장을 골라 몫이 1보다 작은 나눗셈식을 모두 만들고 계산해 보세요. (힌트: 98쪽)

10　6　25

→ (작은 수)÷(큰 수)

6÷10=0.6, 6÷25=0.24

10÷25=0.4

3 두 친구가 공원에서 운동을 했습니다. 성민이는 1시간 동안 6 km를 달렸고, 세하는 40분 동안 3600 m를 달렸습니다. 누가 더 빠르게 달렸는지 설명해 보세요. (힌트: 104~105쪽)

성민이는 60분 동안 6000 m를 달렸으므로 1분 동안 달린 거리가 6000÷60=100(m)이고, 세하가 1분 동안 달린 거리는 3600÷40=90(m) 입니다. 따라서 성민이가 더 빠르게 달렸습니다.

118 나눗셈 3

잠깐! 서술형으로 쓰기 어려워? 그럼 앞에서 배운 걸 떠올려 봐! 앞에서 찾아보고 적어도 좋아

118쪽

1 (투명 테이프 1개의 가격)
=4200÷5=840(원)

(풀 1개의 가격)
=7800÷12=650(원)

3

<성민>

1시간 =60분 6 km =6000 m	÷60	1분 100 m

<세하>

40분 3600 m	÷40	1분 90 m

초등수학 ③

나눗셈

교육 R&D에 앞서가는
Key 키출판사

수학의 재미를 발견하다!

이제 키출판사 **수학 시리즈**로 확실하게 **개념** 잡고, **수학** 잡으세요!